计算机技能大赛实战丛书

数字影音编辑与合成
（Avid Media Composer）
（第2版）

主　编　崔长华
副主编　赵腾任　姜　旭

电子工业出版社

Publishing House of Electronics Industry

北京·BEIJING

内 容 简 介

本书以工作过程为导向，共 6 章，通过 30 个精心设计的项目系统介绍了数字影音采集、编辑与合成的基本知识与业务规范，包括录音、音效处理与合成、视频采集、图片和音频素材导入、影像编辑、影视特效制作、配音配乐、字幕制作、影音输出等内容。

本书内容讲解透彻，具有较强的实用性，可操作性强，特别适合作为职业院校及培训机构的实训教材及参考用书，也可作为参加"计算机技能大赛"学员的辅导教材。本书配有教学指南、电子教案和案例素材，详见前言。

未经许可，不得以任何方式复制或抄袭本书之部分或全部内容。
版权所有，侵权必究。

图书在版编目（CIP）数据

数字影音编辑与合成.Avid Media Composer/崔长华主编. —2 版. —北京：电子工业出版社，2016.9

ISBN 978-7-121-24855-9

Ⅰ.①数… Ⅱ.①崔… Ⅲ.①图象处理软件—中等专业学校—教材 Ⅳ.①TP391.41

中国版本图书馆 CIP 数据核字（2014）第 275131 号

策划编辑：杨　波
责任编辑：郝黎明
印　　刷：北京盛通商印快线网络科技有限公司
装　　订：北京盛通商印快线网络科技有限公司
出版发行：电子工业出版社
　　　　　北京市海淀区万寿路 173 信箱　邮编　100036
开　　本：787×1 092　1/16　印张：19.25　字数：492.8 千字
版　　次：2016 年 9 月第 1 版
印　　次：2022 年 1 月第 2 次印刷
定　　价：49.80 元

凡所购买电子工业出版社图书有缺损问题，请向购买书店调换。若书店售缺，请与本社发行部联系，联系及邮购电话：（010）88254888，88258888。
质量投诉请发邮件至 zlts@phei.com.cn，盗版侵权举报请发邮件至 dbqq@phei.com.cn。
本书咨询联系方式：（010）88254617，Luomn@phei.com.cn。

序　言

自 2002 年教育部联合国家有关部门（单位）在长春举办"全国职业院校技能大赛"之后，相继在重庆、天津等地举办了数届全国性的技能大赛。2009 年在天津举办的"全国职业院校技能大赛"特点突出、成就斐然，其竞赛规格、参赛人数、项目设置和社会影响更是超过了往届，参赛选手超过了 2900 名，观摩、参与、管理和服务人员逾万人，省、地、县、校等地方各级预选赛参赛选手超过百万。参赛学校也从最初由教育部门指定参加到现在国家、省、市三个层面层层选拔，达到了教育部要求的"定期举办职业院校技能大赛，建立'校校有比赛，层层有选拔，国家有大赛'的职业院校技能竞赛序列"的要求，"普通教育有高考，职业教育有大赛"的局面在全国范围内正在形成。职业院校技能竞赛制度的设立和运行，对于引导职业院校深化教育教学改革，促进"双师"型队伍建设，实行工学结合、校企合作的人才培养模式，对于促进职业院校培养适应经济发展、产业升级、企业经营、产品更新和技术进步需要的高素质技能型、应用型人才，大幅度提高具有中国特色职业教育的社会吸引力和社会贡献率，对于在全社会弘扬"尊重劳动"、"尊重技能"、"三百六十行，行行出状元"的精神风尚，形成全社会关心、重视和支持职业教育的良好氛围，都具有十分重要的现实意义和长远意义。

在历届"全国职业院校技能大赛"比赛中，计算机技能大赛都是一项必不可少和十分引人注目的项目。计算机技能大赛中的题目不是虚拟的，一些数据来自真实的工作过程，让学生在实际项目中操练，技能会有很大的提高，这既让学生熟悉用人岗位的需求，也给学校指明了培养学生的方向。大赛中使用的仪器和设备都是目前企业中使用的最新设备，学生参加比赛必须事先掌握仪器和设备的使用，让学生通过大赛接触行业最先进的技术设备，这也促进学校更新实训设备，改革教学方法，为企业培养出更多实用型、技能型人才。与此同时，我们还要看到，计算机技能大赛也有一些亟待完善的方面，特别是一些专业还没有涉及，一些项目也还不够细化；理念需要进一步更新，技术有待深入研究，经验仍须广泛交流；虽然有了配套教学设备，指定了相应软件，但是也还没有相应的配套用书，各学校师生也都是在摸着石头过河、跟着感觉走路。现在，得知《计算机技能大赛实战丛书》编委会组织行业专家、院校老师和企业工程技术人员编写这样一套计算机技能大赛的参考用书，我感到很高兴。这是一种有益的尝试和探索，如果这套丛书对于广大师生有一定的参考价值，我想，这既是编者的初衷，也会对职业教育同仁研究计算机技能竞赛和探讨教育教学改革有所助益。

是为序。

计算机技能大赛实战丛书编委会

主任委员： 何文生

副主任委员：（按姓氏拼音排序）

陈观诚	董 强	段 欣	郭国侠
龚双江	姜全生	刘彦洁	马开颜
史晓云	王社光	王向东	谢宝善
徐 强	向 伟	谢勇旗	张 玲

委　　员：（按姓氏拼音排序）

崔长华	陈 兵	陈丁君	陈海超
段 标	付 捷	傅卫华	何 琳
黄宇宪	柯华坤	梁 斌	李宝智
刘胜利	李迎宾	孙海龙	史宪美
孙昕伟	邱 青	邬厚民	温 晞
徐雪鹏	杨上飞	尹 刚	张文库
张凌杰	朱志辉	朱 辉	张治平

秘 书 处： 关雅莉　肖博爱

前言 | PREFACE

随着职业教育的进一步发展，全国中等职业学校计算机技能大赛开展的如火如荼，比赛赛场成为了深化职业教育改革，引导全国职业教育发展、增强职业教育技能水平，宣传职业教育的地位和作用，展示中职学生技能风采的舞台。电子工业出版社和广东省职业技术教育学会电子信息技术专业指导委员会积极响应教育部的号召，在 2010 年推出了《计算机技能大赛实战丛书》，满足了广大中职学校参加大赛的实际需求，受到了广大备赛师生的热烈欢迎，在 2010 年、2013 年陆续推出的技能大赛实战丛书的基础上，并根据近几年技能大赛比赛的变化，电子工业出版社打造 2016 年最新版《计算机技能大赛实战丛书》，本计算机技能大赛实战丛书的编委会由企业工程技术人员、高校教授、职业学校有经验的指导教练，以及各地参赛队伍的带队人员组成的。该丛书的编写特色如下：

本书定位

- 中职院校的教师和有一定基础的学生
- 培训机构的教师和有一定基础的学生

编委会组成人员

- 由广州大学的教授及专家组为丛书审定
- 由神州数码网络集团，锐捷网络公司、Autodesk 迪赛信联、广州唯康通信技术公司、福禄克公司提供设备、素材及相关建议
- 由大风影像传媒、亨通工厂提供技术及资源支持
- 由在历届全国计算机技能大赛中获得一等奖学生的教练主笔
- 全国省市技能大赛参赛队带队人员

内容安排

该套丛书从应用实战出发，首先将所需内容以各个项目实训的形式表现出来，其次对技能大赛的试题进行详细的分析和讲解，最后给出相应的模拟试题供读者练习，使读者在短时间内掌握更多有用的技术和方法，快速提高技能竞赛水平。

编写特点

在实例讲解上，本书采用了统一、新颖的编排方式，每个项目由"实例赏析"、"制作

步骤"、"任务反馈",还包含"测试题"、"赛前心理辅导"、"经验技巧"、"评分标准与细则",循序渐进,环环相扣,每个项目由任务引领。

本书内容

本书以工作过程为导向,共 6 章,通过 30 个精心设计的项目系统介绍了数字影音采集、编辑与合成的基本知识与业务规范,包括录音、音效处理与合成、视频采集、图片和音频素材导入、影像编辑、影视特效制作、配音配乐、字幕制作、影音输出等内容。

本书内容讲解透彻,具有较强的实用性,可操作性强,特别适合作为职业院校及培训机构的实训教材及参考用书,也可作为参加"计算机技能大赛"学员的辅导教材。

本书作者

本书由崔长华担任主编,赵腾任、姜旭担任副主编,鲁菲、严芳等参与了本书的编写工作。由于编者水平有限,难免有错误和不妥之处,恳请广大读者朋友批评指正。

配套立体化教学资源

为了提高学习效率和教学效果,方便教师教学,作者为本书配备包括电子教案、教学指南、素材文件、结果文件以及习题参考答案等配套的教学资源。请有此需要的读者登录华信教育资源网(http://www.hxedu.com.cn)免费注册后进行下载,有问题时请在网站留言板留言或与电子工业出版社联系(E-mail:hxedu@phei.com.cn)。

编 者

CONTENTS | 目录

第 1 章 Avid 剪辑概述 ··· 1
  1.1 Avid 关键技术介绍 ··· 1
  1.2 Avid 软件剪辑流程 ··· 5
  1.3 剪辑师职责 ·· 7

第 2 章 Avid 操作入门 ··· 11
  2.1 Avid 软件安装及汉化 ·· 11
      2.1.1 Avid 软件安装的系统需求 ·· 12
      2.1.2 Avid 软件安装的环境配置 ·· 12
      2.1.3 安装并汉化 Avid Media Composer ·· 15
  2.2 Avid 简单编辑 ··· 18
      2.2.1 新建项目 ·· 19
      2.2.2 Avid 素材导入 ·· 27
      2.2.3 导出音、视频素材 ··· 33
      2.2.4 简单编辑 ·· 34
  2.3 添加转场 ··· 42
      2.3.1 "快速转场"的使用 ··· 42
      2.3.2 精修模式 ··· 44
  2.4 简单字幕 ··· 46
      2.4.1 基本字幕 ··· 46
      2.4.2 滚动字幕 ··· 50
  2.5 视频特效 ··· 53
      2.5.1 特效简介 ··· 53
      2.5.2 添加特效 ··· 56
  2.6 音频应用 ··· 63
      2.6.1 混音器（Audio Mixer）··· 63
      2.6.2 音频均衡工具（Audio EQ）·· 68
      2.6.3 音频套装插件窗口（Audio Suite）·· 69

2.6.4　音频工具（Audio Tools）…………………………………………………… 73
　　　2.6.5　音频插入（Audio Punch-in）…………………………………………… 74
　2.7　磁带采集和输出磁带 ……………………………………………………………… 75

第 3 章　Avid 专项实例 ……………………………………………………………… 81

　项目 3-1——制作模糊字效果 ……………………………………………………… 81
　项目 3-2——制作遮罩动画 ………………………………………………………… 90
　项目 3-3——制作遮罩字动画 ……………………………………………………… 94
　项目 3-4——制作手写字动画 ……………………………………………………… 98
　项目 3-5——制作变速、静帧特效 ……………………………………………… 105
　项目 3-6——制作跟踪、稳定特效 ……………………………………………… 110
　项目 3-7——制作闪白效果 ……………………………………………………… 114
　项目 3-8——制作马赛克效果 …………………………………………………… 115
　项目 3-9——制作抠像效果 ……………………………………………………… 117
　项目 3-10——制作校色效果 ……………………………………………………… 122
　项目 3-11——制作局部校色效果 ………………………………………………… 127
　项目 3-12——制作天空变色效果 ………………………………………………… 130
　项目 3-13——制作黑白电影效果 ………………………………………………… 133
　项目 3-14——制作推拉摇移效果 Avid Pan & Zoom …………………………… 135
　项目 3-15——制作放大镜效果 …………………………………………………… 139
　项目 3-16——制作三维字幕效果 ………………………………………………… 144
　项目 3-17——制作过光字效果 …………………………………………………… 152
　项目 3-18——路径字 ……………………………………………………………… 158
　项目 3-19——制作打字机效果 …………………………………………………… 163
　项目 3-20——制作对白唱词效果 ………………………………………………… 164
　项目 3-21——制作 DVE …………………………………………………………… 169
　项目 3-22——制作三维运动字幕动画效果 ……………………………………… 174

第 4 章　Avid 高级操作 …………………………………………………………… 177

　4.1　Avid 备份 ………………………………………………………………………… 177
　　　4.1.1　Avid 软件"Bin"媒体夹设置 ………………………………………… 177
　　　4.1.2　Avid 软件备份文件 ……………………………………………………… 179
　　　4.1.3　Avid 软件每日备份 ……………………………………………………… 182
　　　4.1.4　Avid 软件备份恢复 ……………………………………………………… 182
　4.2　Avid Marquee 高级操作 ………………………………………………………… 184
　　　4.2.1　开始创作 ………………………………………………………………… 185
　　　4.2.2　进入 Avid Marquee 的 3D 空间 ………………………………………… 187
　　　4.2.3　保存字幕 ………………………………………………………………… 189
　　　4.2.4　滚动和爬行字幕 ………………………………………………………… 191
　　　4.2.5　Avid Marquee 字幕加强性能 …………………………………………… 192

4.3 Avid 修剪（Trim） 198
    4.3.1 修剪模式 198
    4.3.2 高级修剪模式 200
4.4 Avid 声音处理 201
    4.4.1 轨道监听器 201
    4.4.2 调整音频电平 204
    4.4.3 调整 EQ 均衡 209
4.5 AVX 视频效果插件 210
    4.5.1 Boris FX 插件概述 211
    4.5.2 在 Avid Media Composer 内使用 Boris 效果 213

第 5 章 Avid 综合实例 214
项目 5-1——展开卷轴 214
项目 5-2——电影资讯 220
项目 5-3——游戏天地 229
项目 5-4——北京小吃 236
项目 5-5——动态片头 245
项目 5-6——铺天漫地 250
项目 5-7——四季清江 253
项目 5-8——小鬼当家 264

第 6 章 Avid 综合实例 282
6.1 模拟测试（一） 282
6.2 模拟测试（二） 283
6.3 "数字影视后期制作技术"技能大赛评分表 286

附录 A Avid Media Composer 常用快捷键 287

附录 B Avid Media Composer 效果器种类中英文对照表 289

附录 C 全国职业技能大赛数字影视后期制作技术的比赛要求和比赛相关事宜 298

Avid 剪辑概述

Avid 提供一系列专为后期制作专业人员而设计的不同配置的产品，可以为他们提供更高的创造性能，充分满足他们的项目制作需求。无论是选用 Avid Media Composer 单独的软件产品，还是配备了功能强大的 Avid DNA®：硬件设备的完整系统，都会得出一个相同的结论：Avid Media Composer 简直就是全球最佳的编辑器。自从 Avid Media Composer 问世到现在，Avid Media Composer 系统已经成为非线性影片和视频编辑的标准。没有任何编辑系统可以与其相媲美，具备如此强大的性能、多功能特性和完美的 Avid Media Composer 工具集。

今天，Avid Media Composer 编辑系统比以往更深受全球大多数创新影片和视频专业人士、独立艺术家、新媒体开拓者和后期制作工作室的喜爱，已经成为他们的首选编辑系统。没有任何系统可以像 Avid Media Composer 这样，提供完整的创造性工具集、灵活的格式支持和精确的媒体管理性能。从无磁带工作流程到无缝式统一，从 HD 多镜头素材摄录到 HD 日常媒体数据，Avid Media Composer 系统始终都冲锋于业界最为复杂的制作项目的前沿。

1.1 Avid 关键技术介绍

Avid 公司是全球范围内最早使用非线性技术的领导者，专为各种传媒机构、企事业单位和教育行业提供影视制作的解决方案。Media Composer 非线性编辑软件是 Avid 公司的旗舰非线性编辑产品，该系列软件拥有强大的专业电影电视制作功能、配合专业的影视包装工具，构成了目前世界顶级的视音频编辑系统，其操作界面如图 1-1-1 所示。

1. CPU（处理器）真正的 64 位全格式非线性编辑制作系统

从 Version 6 版本开始，Avid Media Composer 开始支持真正的 64 位操作系统，更快的速度完成本地 64 位操作，即使最复杂的特效，仍可以瞬间完成。告别了过去 32 位软件的内存限制，播放更流畅、渲染性能更快、嵌套处理更加高效，全新的操控界面胜任你想完成的任何工作。

图 1-1-1 "Avid Media Composer"操作界面

支持业界范围内的全部的主流影视媒体制作格式，从 NTSC 制式到 PAL 制式，从逐行扫描到隔行扫描，从 4:4:410bit 无压缩视频到 28:1 压缩格式，从标清、高清到电影胶片，从 2k/4k 数字中间片剪辑到 3D Stereoscopic 立体节目制作，Avid Media Composer V6 系统都有相应的解决方案满足用户的工作流程。

无需担心节目制式的兼容性，在同一条时间线上，Avid Media Composer V6 系统支持 NTSC 制式、PAL 制式、DV、SD 标清、HD 高清、电影视频、3D 立体素材、数字中间片，在同一时间线上混合编辑并直接输出，更可以根据需要，随时一键切换成需要的格式。

2．AMA 无缝整合的文件工作流程

AMA 是 Avid 独有媒体存储架构，可以直接读取 P2，1DCAM-HD\E1 和 Red Camera 存储媒介中的高标清媒体，包括 SONY DV、HDV、IM130/40/50、1DCAM HD 25/35/50，Panasonic Dvcpro HD、AVC-I、R3D、H.264、Apple ResPro、QuickTime 等各种格式无需转码和导入过程，直接编辑原生码流格式文件并输出。

 经验谈

影视制作过程中，很多时候需要调用大量的来自不同厂家不同格式的素材，所以无需转码即可以进行编辑操作非常重要。

3．全新的 Avid DN1HD 4:4:4 RGB 高清编解码技术

DN1HD 是 Avid 专为后期制作而自主研发的高清编码，它能使用和无压缩标清一样的带宽和容量来记录高清素材，甚至移动电脑也可以展现其强大的高清实时性能，这就意味着：在你现有的无压缩标清制作设备上就可以感受到高清带来的视觉冲击。其中的 Avid DN1HD120 高清编码被列为 SMPTE 国际高清编码标准，包括大洋、索贝、新奥特等国内外众多非编厂商都引入了由 Avid 研发的 DN1HD 高清编码。从 V6 版本开始，Avid 开启了更先进的 DN1HD4:4:4 高清编解码技术，可以提供包括 Dual-linK 和 DN1HD4:4:4 在内两种 RGB 工作方式，真正地实现了在低带宽的前提下实现高质量的工作流程，DN1HD 高清编码对比如图 1-1-2 所示。

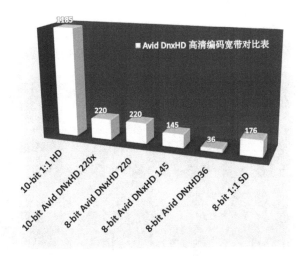

图 1-1-2 "Avid Media Composer" DN1HD 高清编码对比

4．电影粗剪工具集

完备的电影编辑工具集，能够完成各种电影制作流程，包括随机配备的胶转磁日志文件交换工具、电影胶片脚本洗印表转换工具、数字中间片转换 M1F 工具。具体软件功能包括：

(1)	Avid MediaLog	遥控采集日志工具
(2)	Avid Log E1change	胶转磁日志文件交换工具
(3)	Avid FilmScribe	电影胶片脚本洗印表转换工具
(4)	Avid EDL Manager	EDL 管理器
(5)	Avid MetaSync Manager	传统视音频信号同步控制器
(6)	Avid MetaFuze（Windows only）	数字中间片转换 M1F 工具
(7)	Avid Interplay Transfer Interplay	网络传输工具

5．全面支持 Stereo3D 立体高清、电影编辑制作工作流程

Avid 公司是最早致力于立体影视制作的公司，从最新的 Avid Media Composer V6 中，可以实现左右眼全分辨率高清立体素材、素材组、立体字幕、立体特技、立体调色工作流程。更具备专有立体视差、视距、视角等 3D 专用参数调节，同时配置多种立体上载、监看和输出方式，能够满足立体影视节目制作的各种需求，如图 1-1-3 所示。

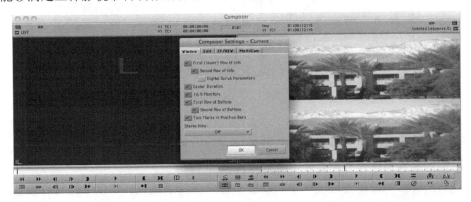

图 1-1-3 "Avid Media Composer"左右眼全分辨率高清立体素材

6．众多的编辑工具和编辑模式

2 窗口、4 窗口、6 窗口精编模式、多机位编辑模式，配合 20 多年传承发展的编辑、合成、包装工具集，充分满足各种影视制作的需求，如图 1-1-4 所示。

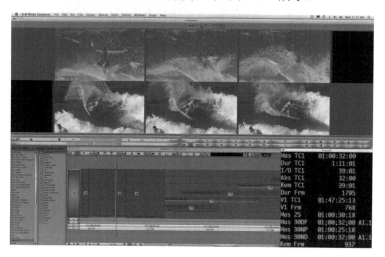

图 1-1-4 "Avid Media Composer" 6 窗口编辑模式

7．全面兼容 Avid 旗下 Protools 音频制作系统

不仅是出色的视频制作，同样可以创建真正的 7.1 声道环绕立体声混音，并且与 Avid 旗下的业界顶级音频制作系统 Protools 完美兼容，可以实现 AAF 文件完美素材交互，更可通过 Avid Video Satellite 系统直接互相遥控。

图 1-1-5 "Avid Media Composer" 与 Protools 兼容

  经验谈

Protools 软件平台世界上最流行、最领先的音乐与音频制作平台之一。

8．超强的硬件加速能力和众多第三方软件插件

针对多核 CPU、GPU 处理器和 AVID 扩展硬件进行了优化，实现了超高的性能。实时性能可以达到 6 轨道以上全画质（1920×1080）高清视频实时回放，10 层以上无压缩标清的实

时回放及输出。独特的光栅放大技术可以将半光栅视频（小高清）缩放为全光栅（1080）高清视频并通过硬件输出，同时系统配置可制作令人眩目的 2D 和 3D 合成作品、字幕、动画和效果，同时提供网络流媒体转换工具和蓝光 DVD 媒体工具，可直接应用于网络视音频媒体应用和高质量节目移动播放。

经验谈

① 插件很多时候是对软件功能的完善和扩充，使其简单快捷达到需要效果。
② 了解每种非线性编辑产品的优势，使其功能最大化。

1.2 Avid 软件剪辑流程

Avid Media Composer 是一款性能可靠并深受电影、电视和广播行业专业剪辑师信赖的工具。Avid Media Composer 专门用于处理大量基于离散文件的媒体，提供迅捷的高分辨率至高清工作流程、实时协作和强大的媒体管理，去除了耗时的任务，让您可以专心讲述精彩故事。

1. 收集磁带和文件

首先，收集项目所有的图像和声音信号组成源素材。这可能包含：

- 视频录像带。
- 胶片——目前，我们还无法将电影胶片直接采集到 Avid 中，胶片首先需要转换为磁带。
- 音频——CD。
- 图像和声音文件——闪存盘、CD 或 DVD 上的计算机图形、动画、图像和声音。
- 其他数字格式的文件、网络上的文件。

经验谈

目前的编辑文件类型和媒体非常多，需要不断积累经验，认识层出不穷的媒体格式。

2. 建立一个新的项目文件

当启动 Avid 软件后，它将提示需要打开哪一个项目文件。如果许多学生或剪辑师们共用一台 Avid 系统，大家可各自工作在不同项目下。如果现在准备开始一个新的项目，需要单击"New Project"（新建项目）按钮，给项目命名，然后在这个新项目中开始工作。

3. 采集

Avid 将为新建项目打开一个项目窗口，这时就可以开始将所有的源素材采集录制到媒体硬盘中。一旦开始了采集，Avid 将自动产生两个东西：媒体文件（Media File），即数字化的图像和声音；主片段（Master Clip，这里常常简称为"片段"），是媒体文件的虚拟拷贝。媒体文件都存储在媒体硬盘中。每 轨视频和音频都生成 个媒体文件，如果某个素材同时有图像和立体声，那么 Avid 将生成三个媒体文件来对应数字化后的素材。我们并不对媒体文件进行剪辑等操作。而是用其对应的片段，对它可以进行剪辑、复制或调整等，所有的操作都只是作用在片段上，而硬盘中的媒体文件（数字化的图像和声音）都是安全的。

经验谈

采集是获取素材的重要环节，也是作品质量优劣的起始环节。

4．创建媒体夹

采集源素材时，应该将其安置到各个媒体夹中去。举例来说，我们可以将 1 号磁带上采集的所有片段放在一个媒体夹中，而将 2 号磁带上的所有片段放到另一个媒体夹中。媒体夹用来放置那些将要进行剪辑的素材，就像是办公室或家里电脑上的文件夹一样，只是听起来比较亲近罢了。我们可以建立多个媒体夹，每个媒体夹可放置多达 100 个片段，Avid 提供了强大搜索工具来查询、定位所需的片段。上面这些操作都是在正式开始剪辑工作之前应该完成的。如果准备剪辑的是电影长片或是长纪录片时，上面这些准备工作就非常有用了。组织安排完这些素材后，是时候开始剪辑了。

5．剪辑

打开一个主片段（也许是一个从头到尾的完整镜头），从中选取一部分内容，就可以开始第一个剪辑了。Avid 将任意剪切到一起的素材片段称为"序列"（Sequence），我们需要建立一个序列来把片段剪接到一起。在电影剪辑领域，剪辑师首先都是制作一个"集合"（Assembly），它包合了所有可能出现在最终影片中的镜头，然后以合适的顺序剪接在一起。我们可以把第一个序列称为"集合序列"（Assembly Sequence），一旦完成了素材的集合工作，下一步工作就是制作个粗编版（Rough Cut Sequence），它只是将所有片段用合适的顺序剪接到一起，而每个片段保留了一个大约合适的长度，可将其称为"粗编序列"（Rough Cut Sequence）。因为素材都是数字化的，可轻松将其备份。可以在星期三的上午将周二制作的序列备份出一份，然后在上面进行修改，在任何时候，都能打开周二制作的版本进行对比。当进行到最后的剪辑工作时，通常可以将这个序列称为"精编版"（Fine Cut），这时所有的镜头和片段都剪接到了合适的位置和长度。

经验谈

良好的制作习惯在剪辑中是非常重要的，比如定期备份、统一的文件管理，这些都能使繁琐的剪辑工作事半功倍。

6．调整"视觉效果"制作字幕和特效

剪辑完序列后，就可以根据需要制作字幕和特效。Avid 提供了制作多层特效和字幕的工具。字幕通常可在几分钟内制作完并加到序列上，而许多特效则只需短短的几秒钟即可完成。当所有的字幕和特效都叠加完成后，可将这个序列称为"画面锁定版"（Picture Lock），这时所有轨道的视频都不需要修改了。

经验谈

在一些影视制作的后期，为视频添加相应的特效，可以弥补拍摄过程中的画面缺陷，使得视频素材更加完美和出色，同时，借助视频特效，还可以完成许多现实生活中无法实现的特技场景。视觉特效和字幕不仅起到锦上添花的作用，还起到了精致画面和提升作品质量的作用。

7．声音制作

当完成上面的处理后，就可以开始利用功能强大的音频轨道制作声音效果和配乐了。

Avid 能同时监听 8～24 轨的音频，通过内置的工具，能对任意或所有的音频轨道进行复杂的声音调整。

声音制作常用插件介绍、声音后期配音制作、配乐制作、音频处理与效果器应用实战、环绕声的制作、混录、节目的传输与重放。

8. 输出项目

在 Avid 工作流程的最后，还需要将最终制作完成的序列输出面世。有许多输出的方式，比如：

- 将完成的节目序列记录到磁带上；
- 刻录 DVD；
- 生成 EDL 文件用于录像带在线编辑系统；
- 生成一个胶片剪接表（Cut List），以便负片剪辑师能根据 Avid 序列将原始的电影胶片剪接到一起；
- 将序列转换为数据流文件在网页上发布。

带着这些初步认识，让我们继续探索 Avid 所提供给我们的工作空间。

不同的平台系统也许设置了与我们这里所描述的有些不同，但所有非线性编辑系统都是大同小异的。

1.3 剪辑师职责

剪辑说来容易，不过就是把一个个镜头"剪开"、"组接"而已。但是仔细想想，选用哪些镜头，不选用哪些镜头，一个镜头从哪里剪，又从哪里接，其实还真不容易。好在剪辑工作不是"一次性"的，只要剪辑师愿意，便可以反复修改。镜头要长一点或者短一点都可以；把一组镜头往前挪、向后移，或者摆回原位也没问题。剪辑就是一个不断修正的过程，尽管大胆地去尝试，剪辑、修改、再剪辑。不过最终导演或制作人会作出最后的取舍和决定，否则，一部影片可以有无数种剪辑的方法，这个过程就没完没了了。

1. 剪辑准则

那怎样才能成为一个好的剪辑师呢？当剪辑师正在剪辑一个包含有许多不同镜头的序列时，他得将许多技巧和智慧运用到其中。首先，他必须能够从众多选择中挑选需要的部分。为了做出正确的选择，必须理解剧本，不仅仅是了解故事情节，还要清楚剧情和角色的需要。如果不知道是什么促进了一个角色或剧情的发展，就无法真正决定哪一个镜头能起到最好的效果。同时，还必须判断表演、构图、银幕空间、舞台场面设计、摄影机的运动、灯光以及音响等，因为这些都是有助于吸引观众的要素。

无论正在剪辑的节目是什么性质，不管是纪录片、叙事片、广告还是实验片，对素材的判断能力都极其重要。

一旦从众多选择中挑选了最合适的素材，就必须把它剪辑到恰当的长度并将它放到合适的位置上。如果能做到这一点,那就掌握了最重要的技术。要想成为一个好的剪辑师,首先必须是一个好的观众。这听起来简单,但实际上并非如此。好的剪辑师能放下剪辑师的身份,迅速地将自己转化为好的观众。他必须要能消除心中所有的疑虑、由饥饿引起的痛苦、酸疼的肌肉、胡思乱想以及任何会妨碍集中精力的东西。然后,必须真真正正地看!在看的过程中,要一直问自己一个问题,这样好吗?

2.剪辑时机

每一个人都知道一个好的剪辑能给电影或电视带来活力。换个角度来看,大家已经参与到电影制作的本质中去了。如果没有剪辑,电影只不过是一些表演的记录罢了。当我们去剧场观看一场表演,买了票坐到座位上后,所有的感觉都来自所坐的座位这个点上。无论表演是什么,都将从同样的距离和角度来观看它。

但是如果座位可以改变呢,如果能换到剧场的任意座位上以便更好地观看表演呢,可能会到楼上包厢去看打斗时的刀光剑影,但是如果男主角被刺中而倒下,可能又希望跑到前排去听听他的临终遗言,看看他脸上的表情。

作为剪辑师,他的工作就是给观众观看表演时一个最佳的位置。无论是什么表演,他都需要挑选出最佳的角度和位置,让观众来观看和聆听所发生的事。定场镜头、长景、中景、近景、过肩镜头、反应镜头以及主镜头——所有这些都是通过摄影机看到的。不用担心这些名称,也不要遵循那些半桶水的剪辑准则,而是仔细观看选择手中的这些镜头,判断观众为了更好地观看表演而最希望坐的位置,一旦挑选好最佳位置的镜头后。马上选择下一个镜头观众期望更换到的位置。

3.连贯性和视觉轨迹

许多叙述性电影都采用单摄影机拍摄。拍摄现场中有灯光、技术员和录音设备,第二个摄影机是没有用处的,因为它会拍摄到摄制组成员和各种设备。所以不用多摄影机拍摄,而单摄影机是活动的,工作人员和设备都会避免摄入到画面中,所有的表演也都是可重复的。单摄影机拍摄通常会有连贯性的问题,比如在一个长镜头中,演员用左手拿着杯子,当转入中景时,有可能就是右手拿杯子了。当把这两个镜头剪接到一起时,杯子会造成很大的麻烦。也许实际中遇到的问题并没有拿杯子时用错手那么明显,更可能只是手或头的位置在两个镜头之间有改变。但无论是什么样的问题,最主要的是剪辑师该怎样剪辑这些麻烦的镜头。

这有几个小窍门。最简单的就是剪辑一个转场镜头,观众因此就不会发现连贯性的问题,剪辑师也可以解脱了。但很不幸的是,这几乎是行不通的,因为那不是观众希望看到的。转场镜头并不是剧场中观看表演的最佳位置。一个更好的方法就是寻找运动,在运动中剪接。在演员坐下或是挥动手臂的过程中进行剪切,这样是在动作中剪切,而不是在动作之前或动作之后进行。这样的剪接可以隐藏,或者至少减轻连贯性的问题。

视觉跟踪是另一个重要的概念。屏幕越大,画面中吸引我们视线的不同内容越多。那么在观看电影时,大家会关注哪些地方呢?

➢ 在人们交谈时,我们会关注说话人的眼睛和嘴巴。
➢ 我们会关注画面运动的部分而不是保持静止的部分。
➢ 我们会关注暗背景前明亮的区域。

在观看一个镜头时要留意自己眼睛看什么,问问自己,"当剪切到下一个镜头时,我正在关注的是什么?"检查自己的视觉轨迹。如果眼睛正关注在画面的最右端,但当剪接到下一个镜头时，那个地方可能没太多可看的了，于是眼睛在画面上寻找自己感兴趣的东西，那可能是一张脸，一个动作，或者一些亮光。如果剪辑后眼睛需要去搜寻，那这个剪辑就不是流畅的剪辑，这是一个技巧。有两个方法来进行流畅剪辑：

（1）剪切时让观众的视线移动最少的位置，这样的剪辑看起来就比较平顺，隐藏了连贯性问题。

（2）引导观众的眼睛关注画面中远离问题的地方，从而掩盖连贯性的问题。

4．节奏

节奏感对好的剪辑来说是非常重要的，然而这也许是最难写出来或教授出来的技巧。我们就从两个人的对话开始吧，由演员传达的谈话内容决定了剪辑的节奏。在朋友之间的交谈或是两个人之间的亲切交流中，每个人都会仔细倾听对方的诉说，此时的节奏较缓慢，有更多的停顿。不要在演员一停止说话就将其切掉，而是在说话之前加些停顿，让人说完话后喘口气，这样我们能看到他们的思考和反应，而不仅仅是台词之间的陈述。在两个人争吵时，由于两人都没有真正去听对方的话语，所以需要比较快的剪辑节奏。这样会有更多的剪切，在对话之间即使有停顿也比较短，有时甚至一个人还没有说完，就切入另一个人开始说了。

🐦 经验谈

剪辑，说简单不简单，说难也不难。好多经验的总结，值得大家借鉴学习。

剪辑口诀（摘自傅正义教授）
由远全，推近特，前进雄壮有力量
从特近，拉全远，后退渲染意彷徨
同机位，同主体，不同景别莫组接
遵轴线，莫撞车，跳轴慎用要记切
动接动，静接静，动静相接起落清
远景长，近景短，时长刚好看分明
亮度大，亮度暗，所需长短记心间
同画面，有静动，主次时长要分明
宁静慢，激荡快，变化速率节奏清
镜头组接有规律，直接切换最普遍简洁更顺畅
相连镜头同主体，连接组接是突出主体引注意
相连镜头异主体，队列组接为联想对比有含义
瞬间闪亮黑白色，黑白格组接特殊渲染增悬念
全特跳切表突变，两级镜头组接变化猛冲击强
人物回想内心变化用闪回，闪回镜头组接手法最常见
同镜头数处用强调象征性，同镜头分析还首尾相呼应
素材不足相似镜头可组接，拼接弥补所需节奏和长度
同镜头中间插入不同主体，插入镜头组接表现主观和联想
借助动势衔接连贯相似性，动作组接镜头转换手段最常用

上下镜头都是特写始和结，特写镜头组接巧妙转换景和物
景为主时间变物主镜头转，景物镜头组接借助景物巧过渡
画内外音互相交替来转场，声音转场电话歌唱旁白最合适
多情节同展现压缩省时间，多屏画面转场上戏过去下戏现
明暗色彩对比千万莫过强，整体明暗影调和谐统一方为上
剪辑组接变化多端无定式，循规蹈矩死板僵化万万不可取
视题材风格不同自由发挥，灵活机动之余基本大忌要牢记

Avid 操作入门

Avid 技术有限公司是全球领先的数字非线性媒体创作、管理和发行解决方案供应商，该公司提供的系列产品，可以使电影、视频、音频、动画、游戏和广播专业人士更为高效地完成更多更具创意性的作品，Avid 公司的产品和服务屡次荣获 Oscar、Grammy 大奖。

现在，Avid Media Composer 编辑系统比以往更深受全球大多数创新影片和视频专业人士、独立艺术家、新媒体开拓者和后期制作工作室的喜爱，已经成为他们的首选编辑系统。

没有任何系统可以像 Avid Media Composer 这样，提供完整的创造性工具集、灵活的格式支持和精确的媒体管理性能。从无磁带工作流程到无缝式统一，从 HD 多镜头素材摄录到 HD 日常媒体数据，Avid Media Composer 系统始终都冲锋于业界最为复杂的制作项目的前沿。

无论是选用 Avid Media Composer 单独的软件产品，还是配备了 Avid Digital Nonlinear AcceleratorTM（Avid DNA）硬件设备的完整系统，对于创造性专业人士的所有制作项目来说，都具备非常重要的意义。扩展后的 Avid Media Composer 系列产品，通过组合式解决方案，为后期制作工作室提供无可匹敌的灵活性能，可以自由混合 Mac 和 Windows 版本，并可以通过与 Avid SymphonyTM 后期制作系统的整合，提供 HD 支持、实时多镜头编辑和 Total Conform 功能。

2.1 Avid 软件安装及汉化

Avid Media Composer 不仅支持 PC（个人计算机）的 Windows 操作系统，还支持苹果计算机的 Mac 平台，本书以 Windows 操作系统环境为例进行讲解。

2.1.1 Avid 软件安装的系统需求

1．CPU（处理器）

2.4GHz 的双至强 CPU，或 2.4GHz 的单至强 CPU，或 Pentium 4 2.6GHz CPU，或 Pentium M 1.8GHz CPU（移动配置）以上。

经验谈

启动盘必须是 IDE、SCSI 或 SATA 7200 RPM 的磁盘。如果用户计划添加一个外接的 SCSI 磁盘，则不要使用内置的 SCSI 磁盘作为启动设备。

2．操作系统

Windows XP 专业版或以上。

3．系统内存

系统内存最少 1GB，推荐 2GB 或以上。

经验谈

是否添加加速器及增加内存（有助于提高系统整体性能），根据个人需求选择。

4．Open GL 图形卡

可选用 NVidia Quadro FX 1300 PCI Express、NVidia Quadro FX 1100 AGP 8x、NVidia Quadro FX 500 AGP 8X 或者 NVidia Quadro4 980 XGL AGP 8X。

5．内置 IEEE 1394 PCI 卡

现在已经认证合格的 1394 PCI 卡包括：ADS Pyro PCI 64，part #API-311，SIIG 1394 3-Port PCI i/e，part #NN-40001。

经验谈

① 对于没有内建 1394 接口的系统来说是必选件。
② 内建的 PCI 卡必须是通用的 PCI 卡，Mojo 不支持 PCMCIA 卡的笔记本电脑。

6．内置硬盘驱动器

40GB 或更大容量的内置硬盘驱动器。

7．光盘驱动器

8 倍速 DVD-ROM、DVD/CD-RW combo 或 DVD±RW/±R 光驱。

2.1.2 Avid 软件安装的环境配置

安装 Avid 软件之前必须对自己的计算机进行相应的设置，这样可以优化系统，使主机达到最好的工作状态，并使 Avid 软件能够顺利地工作。安装环境的优化配置主要包括以下几个方面。

1．关闭"屏幕保护程序"

在计算机桌面的空白处单击鼠标右键，在弹出的快捷菜单中选择"属性"菜单命令，进入"显示　属性"对话框，再单击"屏幕保护程序"选项卡，在"屏幕保护程序"下拉列表框中选择"无"选项，关闭"屏幕保护程序"，如图 2-1-1 所示。

第 2 章　Avid 操作入门

经验谈

如果不关闭"屏幕保护程序",在后面 Avid 程序的使用中,会出现唤不醒计算机的现象或部分操作内容不能及时保存的现象。因为在非线性编辑工作中,尽管鼠标或键盘在一定时间内可能没有操作,但计算机却有可能正在进行渲染或者输出等工作。

2. 设置监视器电源使用方案

在图 2-1-1 中单击"电源"按钮,打开"电源选项　属性"对话框,如图 2-1-2 所示。在"电源使用方案"下拉列表框中选择"一直开着"选项,并将"关闭监视器"选项设置为"从不"选项,如图 2-1-2 所示,然后单击"确定"按钮。

图 2-1-1　"显示　属性"对话框

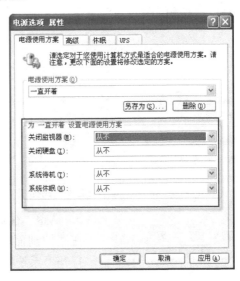
图 2-1-2　"电源选项　属性"对话框

3. 关闭"自动更新"和"Windows 防火墙"

选择"开始"→"设置"→"控制面板"命令,打开"控制面板"对话框,选择"安全中心"图标,如图 2-1-3 所示。用鼠标双击"安全中心"图标,打开"安全中心"对话框,如图 2-1-4 所示。分别选择其中的"自动更新"和"Windows 防火墙"选项,关闭自动更新和防火墙的设置。

图 2-1-3　选择"安全中心"图标

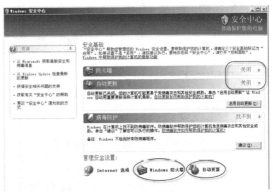
图 2-1-4　"Windows 安全中心"对话框

4. 关闭"使用简单文件共享"选项

在"控制面板"对话框中选择"文件夹选项"图标,如图 2-1-5 所示。用鼠标双击该图标,打开"文件夹选项"对话框,单击"查看"选项卡,在"高级设置"设置区域中取消"使用简单文件共享"的选择,如图 2-1-6 所示。

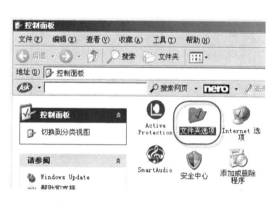

图 2-1-5 选择"文件夹选项"图标

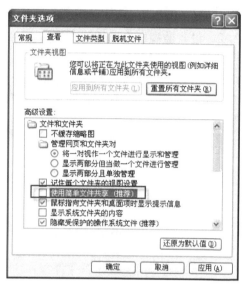

图 2-1-6 "文件夹选项"对话框

图 2-1-7 选择"系统"图标

5. 调整"视觉效果"

在"控制面板"对话框中选择"系统"图标,如图 2-1-7 所示,打开"系统属性"对话框,单击"高级"选项卡,在"性能"选项区域中单击"设置"按钮,如图 2-1-8 所示,弹出"性能选项"对话框。在"性能选项"对话框的"视觉效果"选项卡中,选择"调整为最佳性能"单选项,如图 2-1-9 所示。

图 2-1-8 "系统属性"对话框

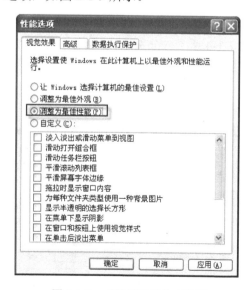

图 2-1-9 "性能选项"对话框

6. 设置"虚拟内存"

在如图 2-1-9 所示的"性能选项"对话框中选择"高级"选项卡,如图 2-1-10 所示,在"虚拟内存"设置区域单击"更改"按钮,弹出"虚拟内存"对话框。

在"驱动器"选择区域中选择虚拟内存页面文件存放的驱动器(请尽量选择剩余空间大的驱动器)。在"虚拟内存"对话框中单击"自定义大小"单选选项,如图 2-1-11 所示。

在"自定义大小"选项中输入设置虚拟内存的数值(一般"初始大小(MB)"和"最大值(MB)"都为 4096MB),单击"设置"按钮确认即可。(如果改变了虚拟内存页面文件存放的驱动器,需要重新启动计算机以后才能生效)

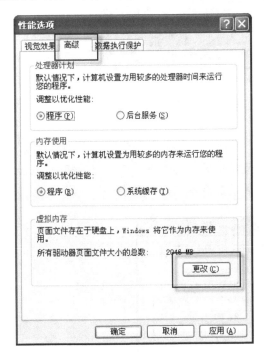

图 2-1-10 "高级"选项卡

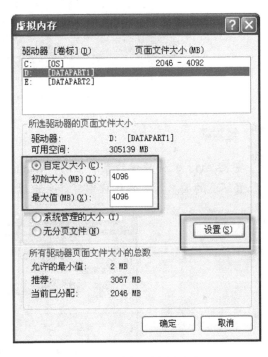

图 2-1-11 设置"虚拟内存"

2.1.3 安装并汉化 Avid Media Composer

1. 安装 Avid Media Composer

步骤 1:将 Avid Media Composer 的安装光盘放进光盘驱动器,系统会自动运行光盘。

步骤 2:在安装界面中选择"Install Avid Editor Suite"选项,如图 2-1-12 所示。在安装过程中不要修改默认选项,只要单击"Next"按钮即可,系统会自动安装,安装结束后重新启动计算机即可。

安装光盘中自带了一些素材和工程文件,建议用户单击"Install Startup Sample Media"选项,将其安装到自己的计算机中,以便学习和使用。

步骤 3:删除系统显卡驱动程序,安装 Avid 软件提供的显卡驱动程序。先进入"系统属性"对话框,选择"硬件"选项卡,单击"设备管理器"按钮,如图 2-1-13 所示,打开"设备管理器"对话框。

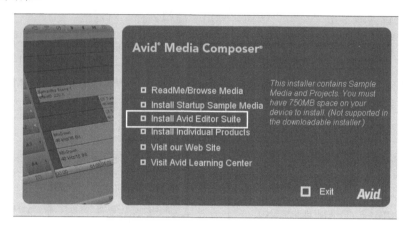

图 2-1-12 Avid Media Composer 安装界面

 经验谈

安装 Avid 软件提供的显卡驱动,Windows 系统默认的驱动程序,可能会不符合 Avid 软件配置环境的要求,制作过程中可能会出现一些花屏或显示不充分的现象。

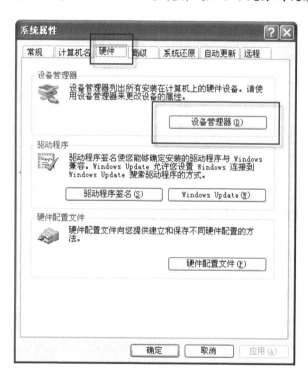

图 2-1-13 "系统属性"对话框"硬件"选项卡

步骤 4:在"设备管理器"对话框中,选择"显示卡",展开其子目录,选择本机显卡驱动,单击鼠标右键选择"卸载"命令,如图 2-1-14 所示,卸载显卡驱动程序,并重新启动计算机。

第 2 章　Avid 操作入门

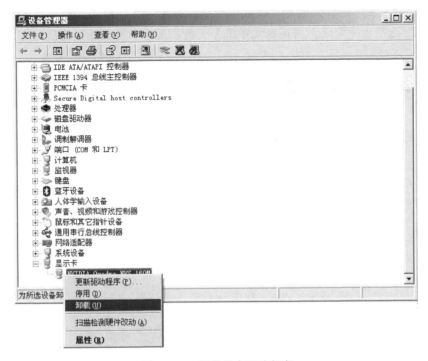

图 2-1-14　卸载显卡驱动程序

步骤 5：重新启动后，系统会检测出显卡没有安装驱动，这时不要选择"搜索安装"，退出硬件安装向导。在目录 C：\Program Files\Avid\Utilities\nVidia 中寻找 Avid 提供的显卡驱动程序，如图 2-1-15 所示。

图 2-1-15　Avid 提供的显卡驱动程序

步骤 6：用鼠标双击显卡驱动安装程序，安装显卡驱动，安装完成后将显卡颜色质量设置成 32bit，分辨率设置成 1280×1024。

经验谈

如果计算机的分辨率设置小于 1280×1024，则 Avid 软件界面不能完全显示。

步骤 7：连接好外接设备，进行使用。

经验谈

- 必须安装 Quick Time 软件和 Windows Media Player 软件（版本按 Avid 软件要求）。
- 用组合键 Ctrl+Shift 切换输入法后，出现死机问题的解决办法：在任务栏上用鼠标右键单击"输入法"图标,选择"设置"命令,弹出"文字服务和输入语言"对话框,在"高级"选项卡中勾选"将高级文字服务支持应用于所有程序"选项即可,如图 2-1-16 所示。

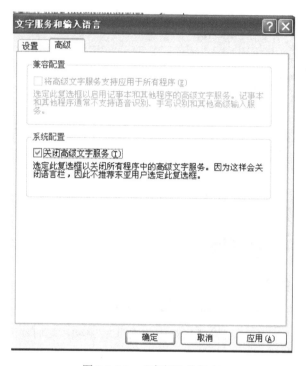

图 2-1-16 "高级"选择卡

- 有些版本的 Avid 软件,需要插入 Avid 公司提供的 Dongle(紫色的 U 盘)到计算机的 USB 端口,才可以使用。

2. 汉化 Avid Media Composer

在 Avid 软件安装文件的压缩包的"International"文件夹里有简体中文汉化文件,把 acie_zn_cn.qm 和 simplifiedchinese.tdf 文件复制到 Program Files\Avid\Avid Media Composer \SupportingFiles\International 文件夹中,并把 simplifiedchinese.tdf 文件重命名为 default.tdf 即可实现简体中文版的汉化过程。

 经验谈

目前汉化的 Avid 软件版本,只能实现部分界面的汉化。此种汉化是不完全的汉化,但有助于初学者的学习。英语基础较好的读者,请尽量使用英文原版软件,这样便于软件环境的移植。

2.2 Avid 简单编辑

非线性编辑流程可以简单地看成输入、编辑、输出这 3 个过程。由于不同软件功能的差异,其使用流程还可以进一步细化。以 Avid Media Composer 为例,其使用流程主要分成如下

5个过程。

（1）素材采集与输入：采集就是利用Avid Media Composer，将视频、音频信号转换成数字信号存储到计算机中，或者将外部的数字视频存储到计算机中，成为可以处理的素材。输入主要是把其他软件处理过的图像、声音等，导入到Avid软件中。

（2）素材编辑：素材编辑就是设置素材的入点与出点，以选择最合适的部分，然后按时间顺序组接不同素材的过程。

（3）特技处理：对于视频素材，特技处理包括转场、特效、合成叠加。对于音频素材，特技处理包括转场、特效。令人震撼的画面效果，就是在这一过程中产生的。而非线性编辑软件功能的强弱，往往也是体现在这方面。

（4）字幕制作：字幕是节目中非常重要的部分，它包括文字和图形两个方面。Avid Media Composer中制作字幕很方便，几乎没有无法实现的效果，并且还拥有大量的模板可以选择。

（5）输出与生成：节目编辑完成后，就可以输出回录到录像带上；也可以生成多种视频文件，发布到网上、刻录VCD和DVD等。

下面就Avid Media Composer的简单编辑进行讲解。简单编辑，一般包括设置素材的入点与出点，以选择最合适的部分，然后按时间顺序组接不同素材。

2.2.1 新建项目

1."选择项目"对话框

步骤1：双击桌面上的Avid Media Composer图标 Avid ，首次进入Avid软件后，弹出"选择项目"对话框，如图2-2-1所示，设置"选择项目"将要放置的位置为"外部"选项，单击"确定"按钮。

图2-2-1 "选择项目"对话框

经验谈

只有选择"外部"选项，才能随意更改项目文件所在的位置。"隐私"选项和"共享"选项的文件都存储在指定文件夹下，不能更改位置。

单击"隐私"选项,制作的项目文件,存储在本地计算机的当前用户的"我的文档"下的"Avid Projects"文件夹中,如图 2-2-2 所示。

单击"共享"选项,制作的项目文件,存储在本地计算机的当前用户的"共享文档"下的"Shared Avid Projects"文件夹中,如图 2-2-3 所示。

图 2-2-2　"隐私"选项的文件存储文件夹　　　图 2-2-3　"共享"选项的文件存储文件夹

步骤 2:Avid 软件启动过程中,每次都会弹出"选择项目"对话框,如图 2-2-4 所示,可以在"选择项目"中看到已经建立的项目或选择"新建项目"按钮来新建项目。

➢ 隐私(Private):用来建立只有系统登录用户才能够访问的项目。
➢ 共享(Shared):用来建立所有用户都可以共享使用的项目。
➢ 外部(External):可以访问在其他位置的项目。

步骤 3:选择"新建项目"(New Project)按钮,进入"新建项目"对话框,如图 2-2-5 所示。

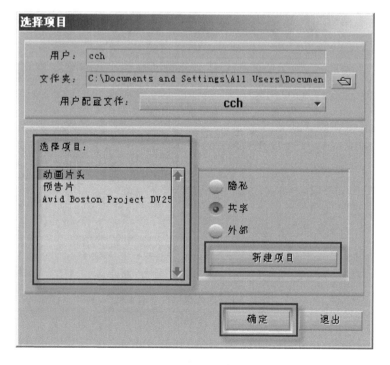

图 2-2-4　"选择项目"对话框

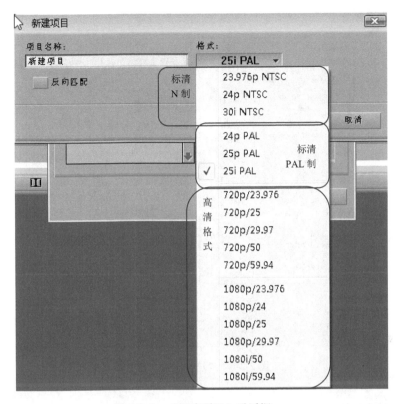

图 2-2-5 "新建项目"对话框

单击"格式"下拉列表,在"格式"下拉列表框中给出了不同的视频制式。
➢ P 代表逐行扫描。
➢ I 代表隔行扫描。
➢ PAL 代表 PAL 制式。
➢ NTSC 代表 N 制式。
➢ "/"后代表的是在这种分辨率下的扫描刷新率。

经验谈

我国大陆地区的标清节目前用 25i PAL 制式,高清节目一般选择 1080i/50。30i NTSC 为经常使用的 N 制格式。世界上主要使用的电视广播制式有 PAL、NTSC 和 SECAM 3 种,中国大部分地区使用 PAL 制式,日本、韩国及东南亚地区与美国等欧美国家使用 NTSC 制式,俄罗斯则使用 SECAM 制式。

步骤 4:项目建立好后,返回"选择项目"对话框,选择建立好的项目,如图 2-2-6 所示,单击"确定"按钮,即可进入所选择的项目。

2. Avid 软件界面布局

打开所选择的项目后,可以看到如图 2-2-7 所示的软件界面,由 5 个子窗口组成,项目窗口、时间线窗口、素材(源窗口)、合成(监视器)窗口、Bin 窗口。

(1)Bin 窗口

Bin 窗口(又称素材屉)中存放着所有与编辑相关的内容信息,Bin 窗口中有 4 个选项卡,分别为"简介"(Brief)、"文本"(Text)、"帧"(Frame)和"脚本"(Script)这 4 种显示方式，如图 2-2-8 所示。

图 2-2-6 "选择项目"对话框

图 2-2-7 Avid 软件界面布局

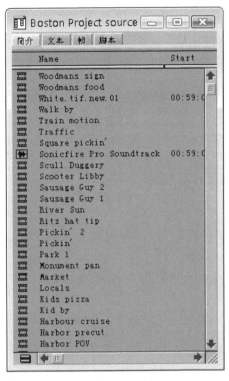

图 2-2-8 Bin 窗口

➢ "简介"(Brief)显示方式,如图 2-2-9 所示。

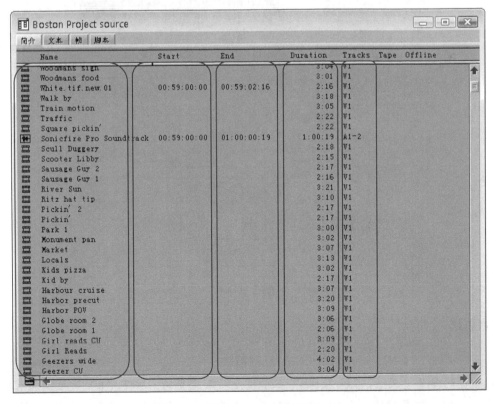

图 2-2-9 "简介"(Brief)显示方式

> "文本"（Text）显示方式，如图 2-2-10 所示。在"快捷菜单"（Fast Menu） 中选择"细节显示选项"（Heading）可以选择显示更多的素材信息。

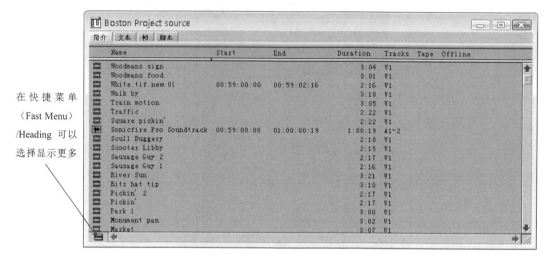

在快捷菜单（Fast Menu）/Heading 可以选择显示更多

图 2-2-10 "文本"（Text）显示方式

> "帧"（Frame）显示方式，如图 2-2-11 所示，帧显示方式下通过键盘上的 J、K、L 可以直接播放浏览素材。

帧显示方式下通过键盘上的 J、K、L 可以直接播放浏览素材

图 2-2-11 "帧"（Frame）显示方式

三键播放

在键盘的命令定义上，"J—K—L"三个键是非常重要的。按下"L"键可以向前播放片段或序列，"K"键是暂停键，而"J"键则是向后播放片段或序列。将左手的三个手指放在这

三个键上（中指在"K"键上），可对其有完美的控制。许多人都称其为"三键播放"，强烈建议养成这样的习惯：随时都将左手三个手指放在这三个键上（如果是左撇子，那换成右手的三个手指）。

可以用这三个键来控制序列以不同的速度播放，如果连续按"L"键两次，将以两倍的速度来播放片段或序列，再按一次"L"键，将以三倍的速度来播放。第四次按该键，速度将达到五倍，或是150帧/秒（NTSC制式时）；按第五次时，速度达到240帧/秒。按"J"键时，将有同样的结果，只是播放是后退的。如果在按"L"键或"J"键的同时按住"K"键，片段或序列将以慢速的模式向前或向后播放。

> "脚本"（Script）显示方式，如图 2-2-12 所示，在这种显示方式下可以添加镜头备注信息，还可以将备注信息打印出来制作成场记。

图 2-2-12 "脚本"（Script）显示方式

（2）项目窗口

项目窗口如图 2-2-13 所示，默认状态是"素材屉"选项卡。

经验谈

在建立了一个新的项目后，Avid Media Composer 会自动建立一个与项目名称相同的素材屉。如新建的项目名称为"test"，则 Avid Media Composer 会在 test 项目中自动建立一个名称为"test Bin"的素材屉，如图 2-2-14 所示。在项目里单击 test Bin 的名称处可以为其修改名称。

图 2-2-13　项目窗口"素材屉"选项卡

图 2-2-14　"test Bin"素材屉

单击"设置"(Setting)选项卡，窗口中有以下配置选项，如图 2-2-15 所示。

"界面风格"设置，如图 2-2-16 所示，其设置命令的中英文对照如表 2-2-1 所示。

经验谈

非线性编辑制作项目一般都非常重要，所以要形成良好的习惯，如及时保存，命名规范的好习惯等。

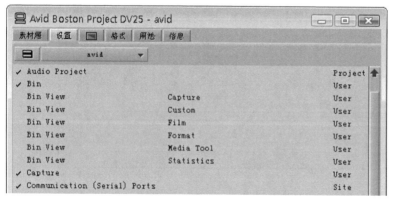

图 2-2-15　项目窗口"设置"选项卡

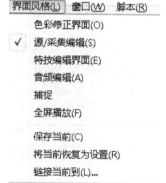

图 2-2-16　"界面风格"设置

表 2-2-1　命令的中英文对照

Color correction	色彩修正界面
Source /record Editing	源/采集编辑
Effect Editing	特技编辑界面
Audio Editing	音频编辑
Capture	捕捉
Save current	保存当前
Restore current to Default	将当前恢复为默认设置
Link current to	链接当前到

【实用技巧】

① 将 Bin 设置为强制 5 分钟保存一次。在"设置"选项卡中选择"Bin"选项，双击

"Bin"选项,打开"素材屉设置"对话框,如图 2-2-17 所示。(强制"自动保存间隔"时间可根据自己的实际需要和项目要求进行设定。)

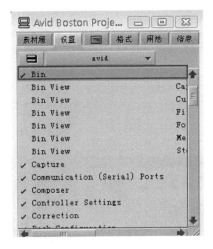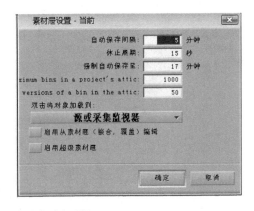

图 2-2-17　设置"自动保存间隔"

② 在"工具"菜单中选择"媒体工具"命令,打开"媒体工具显示"对话框,对素材进行管理,按照选择驱动器和项目名称进行选择,如图 2-2-18 所示。

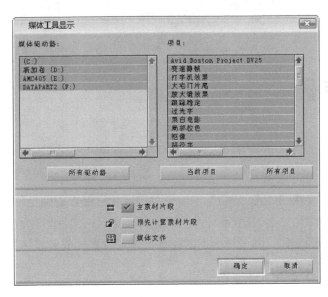

图 2-2-18　"媒体工具显示"对话框

2.2.2　Avid 素材导入

Avid Media Composer 是功能强大的非线性编辑软件,能将视频、图片、声音等素材整合在一起,而素材加工及获得多种多样的素材,如用 3ds Max 制作三维动画片段;用 Photoshop 软件处理的图像;从网络获取的音视频资源等。

1. 在 Avid 中导入文件

步骤 1：在进入 Avid 软件时，选择"新建项目"（New Project）按钮，新建一个名称为 "xiangmuyi" 的项目，如图 2-2-19 所示。

图 2-2-19 新建 "xiangmuyi" 项目

步骤 2：单击"新建素材屉"命令，新建一个名称为 "xuexi" 的素材屉，如图 2-2-20 所示。

图 2-2-20 新建 "xuexi" 素材屉

步骤 3：在"Bin"窗口中单击鼠标右键，在弹出的快捷菜单中选择"导入"（Import）命令，如图 2-2-21 所示。弹出"选择要导入的文件"对话框，如图 2-2-22 所示，在其中找到要导入的文件，并选择恰当的硬盘分区来放置生成的媒体文件。

经验谈

Avid 软件中编辑的大量音、视频素材都是通过采集的方式获得的，只有部分图片素材或者其他软件制作好的素材采用导入方式。

要选择恰当的硬盘分区来放置新生成的媒体文件（一般放在非系统分区中的剩余空间最大的分区）。这里应该注意的是，PAL 制式用"DV 25 420"，如果是 NTSC 制式应该用"DV 25 411"，建议放置媒体文件的分区为专用分区，不要存储其他的文件。

第 2 章 Avid 操作入门

图 2-2-21 "导入"命令

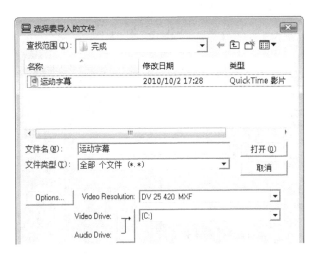

图 2-2-22 "选择要导入的文件"对话框

步骤 4：单击"打开"按钮，系统自动将所选择的文件导入并生成媒体文件，如图 2-2-23 所示。此时素材屉的"xuexi"中增加了媒体文件，如图 2-2-24 所示，此时表明文件被成功地导入 Avid 软件中。

图 2-2-23 导入文件生成媒体文件

图 2-2-24 "xuexi Bin"中增加了媒体文件

经验谈

导入素材时，按组合键"Ctrl+T"，可以查看素材导入的百分比和剩余时间；按组合键"Ctrl+."，则取消导入操作。

导入动画序列素材。动画素材可以是动画格式的文件，也可以是一组系列连续的图像文件，其中每一个图像文件都代表了一个视频或动画素材的一帧。所有的这一组连续的图像文件可构成一个视频或动画素材。这类文件包括*.bmp、*.tif、*.tga 等文件。Avid 能将导入的一系列静止图像自动合并成一个单一的素材。

2．在 Avid 中导入一系列静止图像

步骤 1：确定每个静止图像有正确的扩展名，而且文件名都有正确的数字编号，如 2-1-2-1.jpg、2-1-2-2.jpg、2-1-2-3.jpg 等，如图 2-2-25 所示。

步骤 2：单击"Options"选项按钮，弹出"Import Settings-Untitled"（导入设置）对话

框。如果要将连续图片生成动画文件,选择"Autodetect Sequentially-Numbered Files"(自动检测序列文件)选项,如图 2-2-26 所示。

图 2-2-25　"选择要导入的文件"对话框　　　图 2-2-26　"Import Settings-Untitled"对话框

步骤 3:单击"确定"按钮,导入的文件为连续静态图片构成的动画文件。

经验谈

Avid 软件在导入所有的素材时都会将文件重新编码并存储,也就是说需要一个导入的过程。这样是为了将它所支持的所有视频或者音频格式统一存储为 MXF 格式文件或者视频转化为 OMF 格式的文件,音频则转化为 AAF 格式的文件。在编辑的过程中 Avid 就可以利用其自身快速的解码程序实现多轨道、多机位、甚至多滤镜的实时渲染。当然在实现的过程中还是要依据系统的硬件配置会有不同的表现。导入图片序列的时候,同导入视频片段是一样的,也是需要重新编码和存储的,这样的好处是即使我们错误的删除了一组图片中的一张,也不会影响到序列中(已经导入)的图像效果。

3. Avid 软件支持的音、视频格式

Avid 软件支持的音、视频格式如下。

➢ 支持 DV25,DV50 及 DV100(DVC PRO HD)媒体。

➢ 支持高效的 HDV,DVCPRO HD 及 HDV 编辑(720p/23.97 and 1080p/24)。

➢ 支持松下 P2 卡,读取 P2 卡文件直接编辑,无须采集。

➢ Film 及 24p 工具;16 比特视频质量渲染;还有更多……

【知识链接】

下面介绍导入设置里面图像的设置选项。

(1)导入素材时,单击"Option"按钮,弹出"图像"(Image)选项卡,如图 2-2-27 所示。

① 图像尺寸调整(Image Size Adjustment),有 4 个单选项,如图 2-2-28 所示。

➢ Image sized for current format:保持图像尺寸当前格式。

➢ Crop/Pad for DV scan line different:对于在非方形像素环境中创建的、但不完全符合 NTSC 或 PAL 尺寸的图像,请选择此选项,如图 2-2-29 所示。

第 2 章　Avid 操作入门

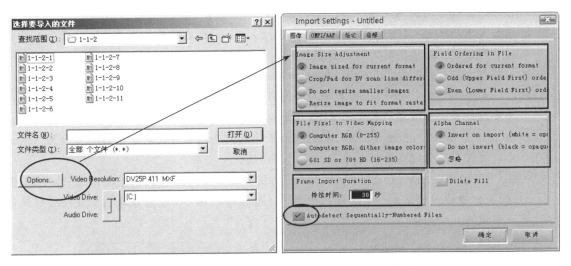

图 2-2-27　图像"导入设置"(Import Setting) 选项卡

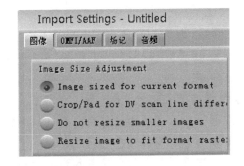

图 2-2-28　Image sized for current format

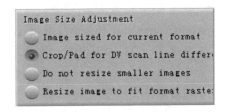

图 2-2-29　Crop/Pad for DV scan line different

- Do not resize smaller images：对于在方形像素环境（如图形应用程序）中创建的图像，请选择此选项。此选项主要用于不能调整大小和不适于充满全屏的图标、徽标和其他图形。系统会用视频黑色填充屏幕的其余部分，如图 2-2-30 所示。
- Resize image to fit format rasterize：维持和调整大小，方形，如图 2-2-31 所示。对于在方形像素条件下创建的图像选择此选项。系统会将最长边调整到适合全屏大小并使用视频黑色填充较短边的像素缺失部分，创建边界。

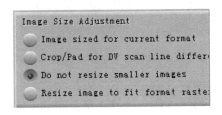

图 2-2-30　Do not resize smaller images

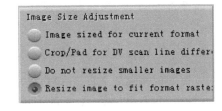

图 2-2-31　Resize image to fit format rasterize

② 文件场排序（File Field Order），有 3 个单选项，如图 2-2-32 所示。
- Ordered for current format：此选项允许将静止图像导入所有格式中而不管场的临时顺序。
- 奇数（上场优先）（Odd（Upper Field First）order）：选择此选项使奇数场在导入时暂

031

时首先出现。图像内的首行属于奇数场。
- 偶数（下场优先）（Even（Lower Field First）order）：选择此选线使偶数场在导入时暂时首先出现。图像内的首行属于偶数场。

③ 文件像素与视频匹配（File pixel to video Mapping），有3个单选项，如图2-2-33所示。
- Computer RGB（0-255）：如果导入的图形文件使用 RGB 图形格式，请选择此选项。大多数计算机生成图形都使用 RGB 图形格式。
- Computer RGB, dither image colors：如果导入的图形文件使用复杂的色彩效果（例如多级过渡）而您以高分辨率导入，请选择此项。
- 601 SD or 709 HD（16-235）：如果导入的图形文件使用基于 ITU-R 601（原始为 CCIR 601）标准的视频格式，请选择此选项。这些图形包括 Avid 彩条或用于键控的超黑片（零黑片）的图像。

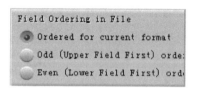

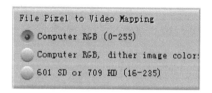

图 2-2-32　文件场排序（File Field Order）　　图 2-2-33　文件像素与视频匹配（File pixel to video mapping）

④ Alpha Channel，有3个单选项，如图2-2-34所示。
- 使用现有（Do not invert）：选择此选项使用现有的 Alpha 通道信息导入图像。
- 反转现有（Invert on import）：选择此选项反转 Alpha 通道内的黑白内容（如果它们与系统的遮罩要求不同）：白色背景、黑色前景和两者之间的灰色透明混合。
- 忽略（Ignore）：选择此选项可将包含 Alpha 通道透明信息的图像导入为不透明图形。导入图形在容器中显示为单个主素材片段。（如果图像包含嵌入式 Alpha 通道而系统不支持此文件类型的 Alpha 通道导入，请选择此选项以成功导入图像。）

⑤ 单帧导入（Single Frame Import），如图 2-2-35 所示。持续时间 n 秒（Duration n Seconds）：选择此选项可指定导入所创建的单帧的持续时间。默认值为 10 秒。此选项不适合于导入顺序图像文件。

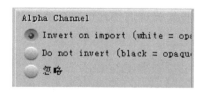

图 2-2-34　Alpha 通道（Alpha Channel）　　图 2-2-35　单帧导入（Single Frame Import）

⑥ 自动检测顺序文件（Autodetect Sequentially-Numberd Files），如图 2-2-36 所示。如果要导入顺序文件，而且让系统能够识别到存在一列已连接文件并自动导入整个序列，请选择此选项。取消选择此选项后，系统不会自动导入具有顺序扩展名的整个文件序列。这时，可以选择单个文件进行导入。

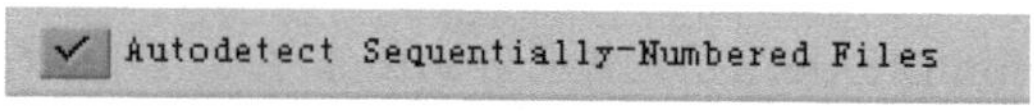

图 2-2-36　自动检测顺序文件（Autodetect Sequentially-Numberd Files）

2.2.3 导出音、视频素材

从 Avid 系统中可将素材或制作完成的影片直接导出为多种文件类型的文件，也可导出单独的帧、选定区域、整个素材片段或序列。如果要导出一个序列的部分或全部，如要创建 OMF 文件、AAF 文件、QuickTime 文件、AVI 文件或图形序列，可按如下所述通过预先准备序列来加快导出的过程。

① 确保序列的所有媒体均在线。

② 如果要在进行任何更改前存档序列，请复制该序列并将副本放到另一库中，然后再准备要导出的副本，原始序列将不受影响。

③ 请考虑预先渲染所有效果。虽然所有未渲染的效果会在导出（OMF 或 AAF 导出除外）时渲染，但预先渲染效果会在导出过程中节省时间。

具体的操作步骤如下。

步骤 1：在 Bin 中选择一个或多个（按住"Ctrl"键后单击鼠标左键）素材或序列，然后选择"文件"（File）→"导出"（Export）；或选择要导出的素材或序列，单击鼠标右键选择 Export，打开"导出为…"对话框，如图 2-2-37 所示。

步骤 2：导出部分素材片段或序列。

➢ 要导出素材片段或序列中的特定轨道，启用"轨道选择器"（Track Selector）面板中的这些轨道并禁用所有其他轨道。确保选择"导出设置"（Export Settings）对话框中的"使用已启用轨道"（Use Enabled Tracks）选项。可在导出前设置此选项，如图 2-2-38 所示。

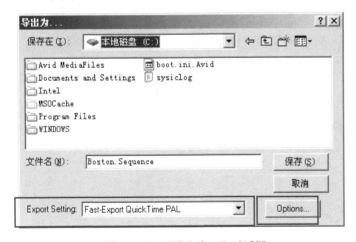

图 2-2-37 "导出为…"对话框

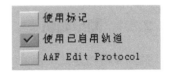

图 2-2-38 "使用已启用轨道"

➢ 要导出单帧图形，标记"入点"以便从库或监视器中导出标记的帧，或将位置指示器移动到要导出的帧。确保选定"导出设置"（Export Settings）对话框中的"使用标记"（Use Marks）并取消选择"顺序文件"（Sequential Files）。

➢ 要导出素材片段或序列中的一部分，标记"入点"和"出点"以便从库或监视器中导出标记的范围。如果标记一个"入点"而不标记"出点"，则系统将从"入点"开始导出直至素材片段或序列的终点。确保选择"导出设置"(Export Settings)对话框中的"使用标记"(Use Marks)选项。
➢ 要导出整个素材片段或序列，取消选择"导出设置"(Export Settings)对话框中的"使用已启用轨道"(Use Enabled Tracks)和"使用标记"(Use Marks)选项，并且确保监视最上面的轨道。

步骤3：单击"Options"按钮，打开导出参数设置对话框，如图2-2-39所示。

图2-2-39　导出参数设置对话框

步骤4：打开选项后，可以看见Avid的输出内容很广泛。可以根据自己的需要选择不同的格式，然后单击"保存"按钮即可。

经验谈

导入、导出看似是非常简单的操作，但是初学者还是经常犯错误，建议大家在工作中一定要重视素材的导入、导出操作，认真细致地完成每一个环节。

2.2.4　简单编辑

插入和覆盖是最常用的编辑方式。

插入编辑（Insert Editing）：插入编辑是在已有连续的节目上，进行插入操作，插入编辑后原始素材的前后被断开但是信息是完整的，插入编辑适用于对节目的修改，配音。

覆盖编辑（Overlap Editing）：覆盖编辑是用新素材替换相应的节目位置，编辑后原始素材被覆盖一部分，信息是不完整的。

1．"插入"、"覆盖"操作

步骤1：在Bin窗口内选择要编辑的素材，双击素材，素材将在素材窗口中显示，设置素材入出点如图2-2-40所示。

第 2 章 Avid 操作入门

图 2-2-40 素材窗口和监视器窗口

步骤 2：在素材窗口中使用"播放"、"单帧播放"、"入点"、"出点"、"清除入出点"等工具按钮，选择要使用的素材内容，如表 2-2-2 所示。

表 2-2-2 工具图标按钮、意义和快捷键

按钮	◀◀	▶▶	◀▮ ▮▶	▮	▶	▮	▮▮	▮▮▮	∅
意义	倒放	加速	单帧播放	入点	播放	出点	标记入出点	清除入出点	标记
快捷键	JJ	LL	⇦ ⇨	I	L 或空格	O	T	G	可自定义

步骤 3：在时间线窗口拖动时间线指针观察合成窗口，选择希望插入素材的位置或者想要覆盖的起始位置，如图 2-2-41 所示。

步骤 4：选中位置后，在"轨道选择器"上选择需要的素材轨道，再选择想要插入或覆盖的合成轨道，如图 2-2-41 所示。可以通过单击的方式选择或取消轨道。轨道名称如表 2-2-3 所示。

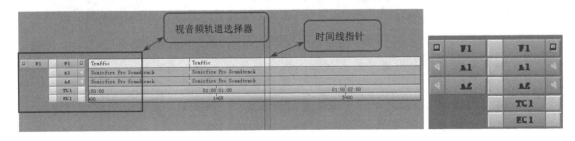

图 2-2-41 选择插入位置和选择插入的轨道

步骤 5：还可以通过鼠标拖动轨道选择按钮的方式改变"素材窗口轨道"与"合成窗口轨道"之间的对应关系，如图 2-2-42 所示。

表 2-2-3 轨道图标及名称

素材窗口视、音频监看开关	素材窗口视音频轨道选择	同步按钮	合成窗口视音频轨道选择	合成窗口视、音频监看（听）开关

图 2-2-42　通过鼠标拖动轨道选择按钮

步骤 6：单击"插入"按钮 ![] （快捷键 V）或"覆盖"按钮 ![] （快捷键 B），完成插入和覆盖操作。在素材窗口的素材上设置好入出点信息，同时选择好时间线位置、插入或覆盖的轨道后，单击"插入"或"覆盖"按钮进行插入或覆盖操作，如图 2-2-43 所示。

图 2-2-43　"插入"、"覆盖"按钮

"插入"、"覆盖"前时间线的位置关系，如图 2-2-44 所示。

图 2-2-44　"插入"、"覆盖"前时间线的位置

> "插入"操作：会将选中的素材插入到时间线中，插入点前后的内容不会改变，如图 2-2-45 所示。

> "覆盖"操作：会将选中的素材覆盖到时间线中，新素材会代替时间线中的内容，如图 2-2-46 所示。

图 2-2-45　"插入"操作

第 2 章　Avid 操作入门

图 2-2-46　"覆盖"操作

基本剪辑技巧

插入剪辑和覆盖剪辑能将挑选好的镜头按需要的顺序连接在一起，形成一个序列。

它们也许是工作中最重要的指令，但在使用它们之前，必须首先挑选好需要剪辑到序列中去的素材。挑选时，在需要素材开始的位置标记入点，在结束的地方标记出点。

激活源监视器，通过 J-K-L 键或蓝色位置光标搜索片段内容，当熟悉素材后，就按 "O" 键以选择剪辑点，并设置入点和出点，然后决定是使用插入剪辑还是使用覆盖剪辑把素材剪到序列中去。单击清除入出点按钮可以清除所标记的入点和出点。

要逐步养成使用键盘上的 "I" 键和 "O" 键采标记入、出点，开始也许有点不习惯，但我相信将来大家会发现这两个键很快捷。

点击时间线上的任意位置来激活它，浏览这个序列，决定希望将新镜头剪入的位置，并设置入点。

2. "删除"时间线上的内容

步骤 1：在时间线上删除，首先要在时间线上设置入出点，选择需要删除的区域。

步骤 2：在轨道选择器上选择删除区域内的轨道，其中紫色区域为选中范围，如图 2-2-47 所示。

图 2-2-47　选中删除范围

步骤 3：单击监视器窗口中的"删除"工具或"提取"工具，如图 2-2-48 所示。

图 2-2-48　监视器窗口的常用按钮

单击快捷菜单，打开"工具"面板，选择"提取"工具（快捷键 X）或"删除"工具（快捷键 Z）按钮，如图 2-2-49 所示。其中"删除"工具会保留删除区域的空间，而"提取"工具会使删除空间后面的内容前移。

图 2-2-49　"提取"、"删除"工具按钮

步骤 4：使用"删除" 工具删除后的效果，保留删除区域的空间，如图 2-2-50 所示。使用"提取" 工具删除的效果，使删除空间后面的内容前移，如图 2-2-51 所示。

图 2-2-50　使用"删除"工具删除的效果

图 2-2-51　使用"提取"工具删除的效果

3. 在时间线上移动片段

步骤 1：在时间线窗口中，单击黄色 （片段模式，提取/结合）按钮或红色 （片段模式，删除）按钮可以进入片段模式，片段模式下可以在时间线上移动单个或多个素材片段，但是视频片段只能在视频轨道移动，而音频片段也只能在音频轨道上移动，如图 2-2-52 所示。

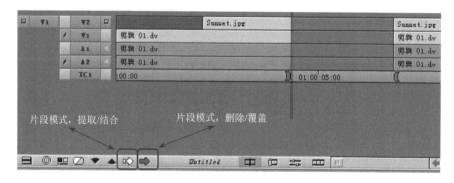

图 2-2-52　时间线上片段模式按钮

步骤 2：在进行片段移动操作时，首先选择 或 按钮，然后在时间线上用鼠标左键选择要移动的一个或多个片段（按住 Shift 键可以多选），不要松开鼠标，把要移动的片段移动到你想要放置的位置，在移动的过程中可以按住"Ctrl"键吸附到片段边缘，按住"Ctrl+Alt"键可以吸附到片段的尾部边缘。

步骤 3：其中选择黄色提取/结合按钮 方式移动片段时，选择的片段被提取，后面的片段会自动向前移动，而当提取的片段被放置时。片段会插入放置的位置，插入点后面内容会相应的向后移动。图 2-2-53 和图 2-2-54 就是应用 提取片段模式前后的效果。用黄色提取/结合按钮 工具，Woodman 素材移动到 Square 素材的中间，同时 Woodman 原始素材位置后面的素材自动前移。

步骤 4：选择红色删除/覆盖按钮 ➡ 方式移动片段时，选择的片段被举起后，片段留下的空间不会被填充，而是留下片段原始大小的空白区域。当选择的片段放置时，片段不会被插入，而是覆盖（取代）原有位置素材的内容。用 ➡ 工具，Woodman 素材移动到 Square 素材的中间某处，同时 Woodman 原始素材的位置被留下，把 Square 素材后面的部分覆盖掉，如图 2-2-55 所示。

图 2-2-53　应用"提取/结合"按钮前效果

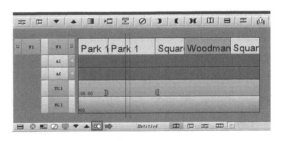

图 2-2-54　应用"提取/结合"按钮后效果

图 2-2-55　应用"删除/覆盖"按钮后效果

 经验谈

吸附到剪辑点

通常情况下，在时间线上用鼠标点击或拖曳位置光标可以到达所需要的位置。在剪辑过程中，经常希望在一个镜头的开始处标记入点，或在镜头的结尾处标记上出点。但是，通过鼠标的点击，并不是很快就能定位到该剪辑点上。如果位置光标没有定位在第一帧上就进行插入剪辑，结果会出现夹帧现象。

为了快速地定位到时间线上片段的开头，可按住"Command"（Mac）或"Ctrl"键（Windows），同时单击剪接点的附近位置，即可将光标吸附到剪辑点处。如果按住"Option+Command"（Mac）或"Ctrl+Alt"组合键再点击剪接点的附近位置，可将光标快速吸附到片段的结尾处。

4．三点编辑

只有真正理解了"三点编辑"的含义，才能知道它所代表的深刻意义。不管是执行插入剪辑还是覆盖剪辑，都需要三个剪辑点标记。这只有四种可能的选择，在下面的表中已列出。到目前为止，我们只关注了第一种选择，即在源监视器中为选好的素材标记入点和出点，然后在时间线上希望剪辑的位置设置入点，这就有了三个剪辑点。

源监视器	记录监视器/时间线	源监视器	记录监视器/时间线
1. 入点和出点	入点	3. 出点	入点和出点
2. 入点	入点和出点	4. 入点和出点	出点

现在看看其他三种选择，它们经常应用于覆盖剪辑，而第一种选择经常应用于插入剪辑。

当需要用一个更合适的镜头来替换序列中的某个镜头（或声音）时，可以使用第二种选择。举个例子来说，现在已将一个小孩欢笑的镜头剪辑到序列中，可在播放这个序列时，发现如果使用小孩哭泣的镜头可能更合适，目前笑镜头的长度正好，不过要换成哭的镜头。这时可以在笑镜头上标记片段，并在媒体夹中寻找一个合适的小孩哭泣的镜头，在源监视器里搜寻，在希望开始的地方设置好入点，然后按下覆盖剪辑按钮，笑镜头就被哭镜头替换了。之后序列的长度不改，仅仅是其中一个镜头被另一个镜头替换了。

第三种选择与第二种类似，只是在源监视器上给素材设置的是出点，而不是入点。就是像时间线上标记出需要替换的片段，然后找到替换的镜头，或许小孩哭泣的镜头里结束部分更特别，所以在这个位置标记出点（而非入点）。现在就有了三个编辑点，再按下覆盖剪辑按钮，即可将哭泣的小孩替换成欢笑的小孩。序列的长度不会改变，仅仅是用另一个镜头替换了序列中的一个镜头。

当我在驾驶卡车谋生时，我被告知有 99%的卡车事故发生在倒车情况下。这也就是很少使用第四种选择的原因，在这种选择下，新剪辑的时间从出点开始倒着覆盖前面的镜头，这也许会误删除希望保留的镜头。然而，第四种选择在配乐时会非常有用。

经验谈

"三点编辑"，看似简单，需要在实践中多应用，在不同的情况下使用哪些选择，这非常重要。

【知识链接】

在源/记录模式下，通过"命令面板"可以在"工具面板"上添加自己想要的按钮。

步骤 1：单击"快捷菜单"中的 ▤ 按钮，如图 2-2-56 所示，弹出"工具面板"。

图 2-2-56 "工具面板"

步骤 2：移动鼠标将工具面板移动到用户想要的位置，单击鼠标，快捷菜单就会停留在这个位置。拖动快捷菜单的右下角可以出现更多的按钮位置，在这些按钮空白位置处可以添加更多的按钮，如图 2-2-57 所示。

步骤 3：选择"工具"（Tools）→"命令选择板"（Command Palette）命令（快捷键 Ctrl+3），如图 2-2-58 所示。打开"命令选择板"，如图 2-2-59 所示。

图 2-2-57　添加按钮　　　　　　　　图 2-2-58　"命令选择板"命令

图 2-2-59　命令选择板

步骤 4：选择"按钮到按钮"（Button to Button Reassignment）选项。

步骤 5：选中需要的按钮，一直按住鼠标左键，把它拖动到工具面板上空白的位置后再松开鼠标，选择的按钮就会出现在工具面板上。

步骤 6：将"删除"工具按钮 ，"提取"工具按钮 ，添加到工具面板，如图 2-2-60 所示，这几个按钮是经常使用的。

步骤 7：关闭"命令面板"，就可以使用"工具面板"上的工具了。

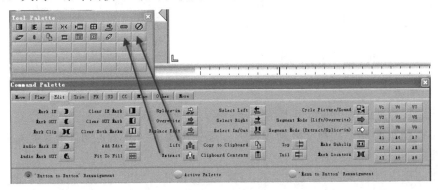

图 2-2-60　添加删除、提取按钮到工具选择板

2.3 添加转场

在制作影片时,视频素材之间最简单的连接方式就是简单的跳转,转场效果可以让视频之间实现自然的切换,它用于控制两个相邻的视频素材相互融合在一起,这样看起来会显得很亲切。在运用摄像机拍摄时也可以利用它的特效功能获得转场效果,但现在常用的方法是用软件制作,这样更加简单方便。

1. 什么是转场

在了解转场之前,首先了解一下镜头组接,所谓镜头组接,即把一个片子的每一个镜头按照一定的顺序和蒙太奇手法连接起来,成为一个具有条理性和逻辑性的整体,这种构成的方法和技巧叫做镜头组接。它的目的是通过组接建立起作品的整体结构,更好地表达主题;增强作品的艺术感染力,使其成为一个呈现现实、交流思想、表达感情的整体。它需要解决的问题是转换镜头,并使之连贯流畅——逻辑上连贯、视觉上流畅;创造效果,创造新的时空关系和逻辑关系。

影视作品最小的单位是镜头,若干镜头连接在一起形成镜头组,一组镜头有机组合构成一个逻辑连贯、富于节奏,含义相对完整的电影片段,它是导演组织影片素材、揭示思想、创造形象的最基本单位,称为蒙太奇句子。在一般意义上所说的段落转换,有两层含义:一是蒙太奇句子间的转换,二是意义段落的转换,即叙事段落的转换。段落转换是内容发展到一定程度的要求。在影像中段落的划分和转换,是为了使表现内容的条理性更强,层次的发展更清晰。为了使观众的视觉具有连续性,需要利用造型因素和转场手法,使人在视觉上感到段落与段落间的过渡自然、顺畅。

2. 常用的转场方式

选择、利用合理的组接因素与方法进行场景、段落的转换。转场的方法很多,从连接方式上也可分为技巧转场与无技巧转场两大类。一类是技巧转场。利用特技技巧使两个段落连在一起。其特点是:既容易造成视觉的连贯,又容易造成段落的分隔。技巧转换常用于较大段落的转换上,比较容易形成明显的段落层次。常用方式:淡出淡入、叠化、翻页、划像、圈出圈入、定格等。另一类是无技巧转场。采用直接切换的方式,以镜头的自然过渡来连接两段内容。这种手法多用于镜头组间的画面转换,它在一定程度上加快了电视片的节奏,直接利用镜头的切换进行影片的时空转换、段落过渡在创作上有较大的自由。无技巧的转场方法要注意寻找合理的转换因素和适当的造型因素,使之具有视觉的连贯性,在大段落转换时,又要顾及心理的隔断性,表达出间歇、停顿和转折的意思。

2.3.1 "快速转场"的使用

1. 添加编辑

由于快速转场要应用在编辑点上,所以先练习如何添加编辑点。

步骤 1:在时间线上,移动时间线指针,选择需要添加编辑点的位置,然后在轨道选择器上选择要添加编辑点的轨道。

步骤 2:在快捷菜单中,单击"添加编辑" 按钮,如图 2-3-1 所示。编辑点被添加到时间线素材上,如图 2-3-2 所示。

第 2 章　Avid 操作入门

图 2-3-1　"添加编辑"按钮

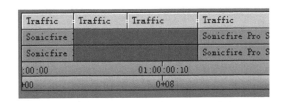

图 2-3-2　添加编辑点后效果

2．添加转场特技

步骤 1：将时间线指针移至编辑点（即时间线上素材边缘位置）附近，单击"快速转场"工具 ■ 按钮，如图 2-3-3 所示，弹出下拉列表框如图 2-3-4 所示，选择其中的"渐隐"效果，如图 2-3-5 所示。中英文对照如表 2-3-1 所示。

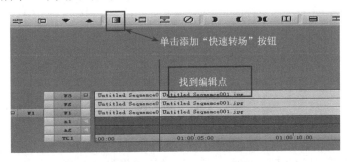

图 2-3-3　添加"快速转场"

图 2-3-4　"快速过渡"对话框中添加下拉列表

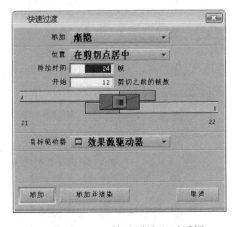

图 2-3-5　"快速过渡"对话框

表 2-3-1　"快速过渡"中英文对照

中文	英文
渐隐（叠画）	Dissolve
电影渐隐（电影叠画）	Film dissolve
电影渐变	Film fade
颜色淡出（渐隐到单色）	Fade to color
退色（单色渐起）	Fade from color
浸染为彩色（闪烁色）	Dip to color

经验谈

如果在时间线上的一个片段中间添加了编辑点，又在这个编辑点上应用了渐隐（叠画）转场特技，特技不会产生任何效果。这是因为编辑点前后的内容是连续的，所以这样制作渐隐（叠画）没有任何效果。渐隐（叠画）特技要应用在前后内容不是连续的编辑点上。

当编辑点前后素材长度不能满足转场特技要求的长度时，Avid Media Composer 会自动减短转场特技长度。

步骤 2：在设置好转场特技参数后，单击添加"add"按钮就可以应用转场特技，添加一个转场特技，如图 2-3-6 所示。

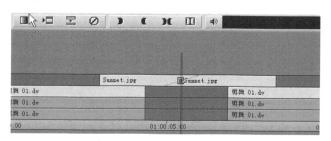

图 2-3-6　添加"快速转场"特技

如果对制作的转场特技不满意时，可以把时间线指针放在要取消的特技上，然后选择要取消特技的轨道，单击"取消特技"（Remove Effect）按钮 ⊘ ，取消特技效果。

2.3.2 精修模式

在时间线上移动时间线指针，将时间线指针放置在编辑点附近，单击"精修"（Trim）按钮，进入精修双边模式，如图 2-3-7 所示。

图 2-3-7　精修双边模式

进入精修模式，Avid Media Composer 窗口的含义已经发生了变化。A 边窗口代表编辑点之前片段的最后一帧，B 边窗口代表编辑点之后片段的第一帧。

- 双边编辑，在进行双边编辑时，将鼠标指针放在编辑点上，按住鼠标左键向右拖动编辑点，这时可以看到 A 边、B 边窗口代表的内容发生了变化，A 边片段结尾延长，B 边片段开始位置缩进，这样就实现了双边编辑。
- 单边编辑，在单边编辑时，首先在 A 边窗口或者在 B 边窗口单击选择要编辑的 A 边或 B 边，用鼠标在编辑点拖动，可以看到只有选择的边会发生变化，从而实现了单边编辑。
- 滑动编辑，滑动编辑分为"移动修剪"方式和"幻灯修剪"方式，在编辑点上单击鼠标右键打开菜单选择滑动方式，如图 2-3-8 所示。
● 选择"移动修剪"方式只改变片段在时间上的位置，片段的内容和时间长度不会改变。
● 选择"幻灯修剪"方式只改变片段内容，不改变片段的位置和时间长度。

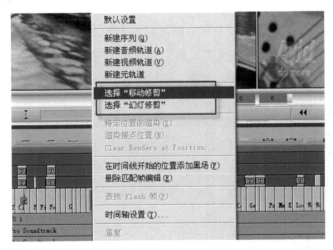

图 2-3-8　选择滑动方式

在移动编辑点时，除了可以使用鼠标拖动，还可以使用按钮或者数字输入的方式移动编辑点位置。

在完成精修编辑后，按键盘"Esc"键可以退出精修模式。

 经验谈

时间线素材显示比例的放大，缩小（Ctrl+L，Ctrl+K），如图 2-3-9 所示。

缩放时间线的快捷键："Ctrl+["缩小时间线、"Ctrl+]"放大时间线。

图 2-3-9　放大缩小时间线和显示比例

2.4 简单字幕

字幕指以文字形式显示电视、电影、舞台作品里面的对话等非影像内容，也泛指影视作品后期加工的文字。

字幕在电影银幕或电视机荧光屏下方出现的外语对话的译文或其他解说文字及种种文字，如影片的片名、演职员表、唱词、对白，说明词有人物介绍、地名和年代等。

下面学习一种简单的字幕制作效果。

2.4.1 基本字幕

1．简单字幕工具

可以利用"字幕"工具制作电视节目中所需要的字幕。

进入简单字幕工具的方法，选择"工具"菜单中"字幕工具"命令，在弹出"新建字幕"对话框中单击"字幕工具"按钮，如图 2-4-1 所示。

图 2-4-1　新建"字幕工具"界面

进入字幕工具后，字幕工具界面显示，如图 2-4-2 所示。

字幕的安全区域和视频安全区域框，如图 2-4-3 所示。

字幕工具栏按钮的功能说明，如图 2-4-4、图 2-4-5 和图 2-4-6 所示。

图 2-4-2 "字幕工具"窗口

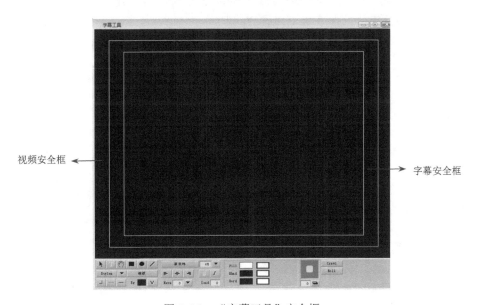

图 2-4-3 "字幕工具"安全框

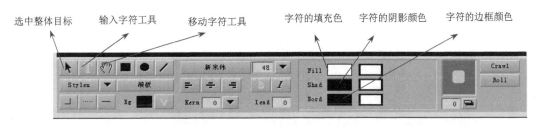

图 2-4-4 "字幕工具"常用按钮 1

图 2-4-5 "字幕工具"常用按钮 2

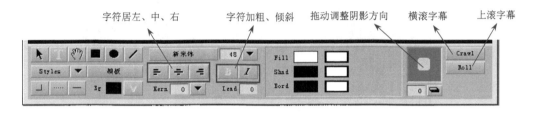

图 2-4-6 "字幕工具"常用按钮 3

经验谈

字符的大小、颜色、位置等都应符合受众的欣赏习惯，同时建立字幕时也要注意命名原则和存储位置，这样便于修改和多次调用。

2．保存字幕

步骤 1：单击字幕窗口中的"关闭"按钮，弹出"保存现有字幕"对话框，如图 2-4-7 所示。

步骤 2：单击"保存"按钮，弹出"保存字幕"对话框，如图 2-4-8 所示。在字幕名称输入框中，输入字幕的名称。

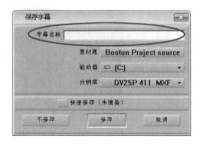

图 2-4-7 "保存字幕"对话框　　图 2-4-8 "保存字幕"选项对话框

步骤 3：单击"保存"按钮，字幕文件就保存到相应的"Bin"窗口中（也称作素材屉中），如图 2-4-9 所示。

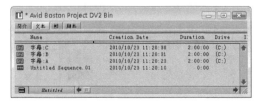

图 2-4-9 "字幕"保存在 Bin 窗口中

3. 字幕特技

下面以"淡入淡出"效果为例讲解字幕特效的制作。

步骤 1：首先将字幕文件拖动到时间线 V1 轨上，再将蓝色标志线移动到字幕的任意一帧，如图 2-4-10 所示。

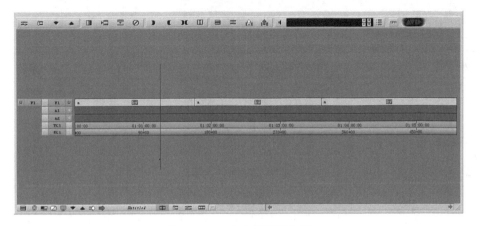

图 2-4-10　移动蓝色标志线

步骤 2：从快捷工具按钮中单击"字幕淡入淡出"按钮，如图 2-4-11 所示。

图 2-4-11　"字幕淡入淡出"按钮

步骤 3：在弹出的"渐变特技"对话框中设置参数，如图 2-4-12 所示。

图 2-4-12　"渐变特技"对话框

4. 字幕运动

步骤 1：将蓝色标线移到字幕的任意一帧，单击时间线上"特技编辑器"按钮，如图 2-4-13 所示。

步骤 2：打开字幕特技编辑窗口，主要参数有字幕的透明度、大小、位置及裁剪设置等，如图 2-4-14 所示。

步骤 3：设置字幕的运动方式。在特技效果模式下，监视器窗口会变成包含特技效果持续范围，在素材段的开头和结尾处会有关键帧标记，如图 2-4-15 所示。

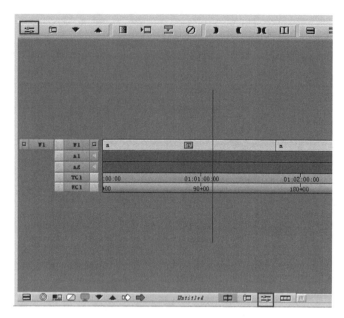

图 2-4-13　时间线上的特技编辑按钮

图 2-4-14　"字幕"特技编辑器

图 2-4-15　首、尾"关键帧"界面

通过使用添加关键帧按钮 ▲ ，（快捷键"引号"键）可以添加关键帧，删除关键帧只需要选中关键帧后，按键盘"Delete"键就可以。

步骤 4：添加关键帧，改变其中参数，就完成了字幕的运动。

2.4.2　滚动字幕

许多影片结尾的演职人员字幕通常以滚屏的方式出现，字幕的滚动速度是由字幕片段在时间线上的长度所决定。如果希望字幕滚动地快一些，可以把字幕片段缩短一些；而如果要字幕滚动地慢一些，就要在时间线上将其延长一点。

1. 制作滚动字幕

① 选择字幕背景，单击字幕工具中的"V"开关来选择黑背景或视频背景。

② 从"片段"（Clip）菜单中选择"新建字幕"（New Title）命令。

③ 在字幕工具的最右侧单击"滚动"（Roll）按钮，使之变绿。

④ 单击"文字工具"（Text Tool）按钮。

⑤ 设置好字体和字号大小，然后单击"字幕居中"按钮。

⑥ 输入文字，期间字幕可能自动换行。先不用担心这些，把字幕输完，记住在每一行字结束时按"回车"键。

⑦ 用选择工具左、右拖动字幕的控制点，使之足够大。

⑧ 如果字幕超过一屏，用字幕窗口右侧显示的滚动栏滚动显示字幕。

⑨ 从"文件"（File）菜单中选取"关闭"（Close）命令。
⑩ 保存字幕。选择目标盘和媒体夹，但是不要选择"快速保存"（Fast Save）方式来保存。
⑪ 单击"确定"按钮，字幕就被保存到媒体夹里，此时滚动字幕制作完成。
⑫ 调整滚动字幕的速度。

经验谈

回看字幕后，如果觉得字幕的滚动速度太快或太慢，这时可以在"修剪模式"（Trim Mode）下调整滚动字幕的速度，尽管这看上去有点奇怪。

框选字幕的结尾处进入双滚轮修剪。向右（结尾方向）拖动滚轮，滚动字幕速度会放慢。向左（开头方向）拖动则加快速度，如图2-4-16所示。

图2-4-16　精修字幕片段持续时间的长短

滚动字幕从屏幕下的第一行开始，然后出现在屏幕底端并向上滚动。在源监视器中可以调整字幕开始和结束的地方，如在字幕已经显示在屏幕第一行的地方设置入点。

2．移动字幕

Avid把沿屏幕水平移动的字幕称为"移动字幕"（Crawling Title）。该字幕是从屏幕的右侧向左侧移动的。移动字幕的制作和滚动字幕的制作是一样的，不同的是需要单击的是"移动"（Crawl），而不是"滚动"（Rool）。需要的话可以用选择工具来调整控制点，以避免文字自动串行。比如，现在要制作以下文字的移动字幕：

"Boston Red Sox win World Series！First time since 1918. Watch the News at Eleven for highlights."

➢ 为了使这些文字成为一行，需要向右拖动控制点，而不要像上面的句子那样自动换行。

3．渲染字幕

渲染滚动字幕的操作如下：
（1）选择字幕轨。
（2）将蓝色位置光标停在时间线的"T"图标之上。
（3）从"素材片段"（Clip）菜单中选择"特定位置的渲染"（Render at Position）命令，如图2-4-17所示。
（4）从源监视器和记录监视器之间的快捷菜单中单击"渲染特技"（Render Effect）按钮，如图2-4-18所示。

（5）在弹出的"渲染特技"对话框中为特技选择目标盘为"效果源驱动器"，如图 2-4-19 所示。

（6）返回后在"渲染特技"对话框中单击"确定"按钮。

图 2-4-17 "特定位置的渲染"命令

图 2-4-18 "渲染特技"按钮

经验谈

如果有多个字幕需要渲染，最好一次将它们都渲染，这样节省渲染的时间。

4．渲染多个字幕

（1）选择需要渲染字幕所在的轨道。

（2）在第一个字幕前标记入点，在最后一个字幕之后设置出点。

（3）从"素材片段"（Clip）菜单中选择"渲染开始/结束"（Render In /out）命令，如图 2-4-20 所示。

图 2-4-19 为特技选择目标盘为"效果源驱动器"   图 2-4-20 "渲染开始/结束"命令

2.5 视频特效

特效一般包括声音特效和视觉特效。特效应用广泛，电视包装、电影、游戏、歌曲中都被大量使用。

在影视中，人工制造出来的假象和幻觉，被称为影视特效（也被称为特技效果）。电影摄制者利用它们来避免让演员处于危险的境地、减少电影的制作成本，或者理由更简单，只是利用它们来让电影更扣人心弦。

这里重点讲述视频特技。

2.5.1 特效简介

特技有两大类：转场特技（Transition Effect）和片段特技（Segment Effect）。

转场特技（Transition Effect）是在时间线的剪接处，用来展示镜头 A 如何过渡到镜头 B，如叠化就是一种转场特技，使用叠化特技后，两个镜头的过渡不是直接切换，而是镜头 A 慢慢消失，镜头 B 则渐渐显现，然后两个镜头相融在一起。

片段特技（Segment Effect）则是添加到时间线的整个或局部片段上。如节目中有个镜头里的演员是面朝向屏幕右侧的，此时如果在该镜头上加一个左右翻转的特技，那么演员就面朝屏幕左侧了。片段特技对时间线上的一小片段起作用，它可以作用于一个视频轨，如左右翻转特技，也可以作用于多个轨道，如 V2 轨（及 V3 轨或 V4）要放在背景层的上面。

许多特技既可以是转场特技，也可以是片段特技，它们可以用于转场过渡上，也可以用到片段上。

经验谈

仅仅添加转场或为片段添加特技是十分简单的，而要调整出自己需要的效果则要复杂一些，需要不断调整参数多次尝试。

1. 特技面板

从"工具"（Tools）菜单中选择"特技面板"（Effect Palette）命令，或单击项目窗口中的 图标，打开特技面板，可以看到窗口有两栏，如图 2-5-1 所示。

左边那栏列出的是特技的类型。单击其中的一个类型，在右侧会显示系统所支持的相关特技。在图 2-5-1 中，左侧选择的是"画面"（Image）特技，而右侧就显示了可选择的画面特技。可以滚动特技面板查看其中的特技类型，选择不同的类型就能看到系统所提供的许多特技。

2. 添加特技

添加特技是很简单的，只需单击选择需要的特技，并将其从特技面板拖动到时间线，在需要加特技的编辑点或片段上释放鼠标即可。

加一个转场特技，使用"混合"效果，单击特技类型栏的混合，右侧则显示许多特技可以选择，如选"画中画"特技，如图 2-5-2 所示，把"画中画"特技拖动到素材上即可。

3. 特效编辑器

单击时间线工具栏上的特技编辑按钮 ![btn]，如图 2-5-3 所示，打开"特效编辑器"（Effect Edit）。从源/记录监视器窗口下的下拉菜单中选择的特技编辑按钮 ![btn]，如图 2-5-4 所示，也可以打开"特效编辑器"。

图 2-5-1 特技面板

图 2-5-2 "画中画"特技

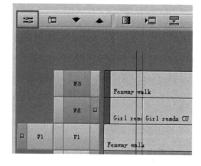

图 2-5-3 时间线上"特效编辑器"按钮

给时间线上添加一个片段特技或转场特技，确定该视频轨道被选中：

① 将蓝色位置光标停在时间线里特技的图标上。
② 单击特技编辑器按钮即可。

打开特技编辑器后，显示器窗口会有所变化，它此时叫法是

图 2-5-4 快捷菜单中的"特技编辑器"按钮

"特技预看显示器"（Effect Preview Monitor），显示的是加上特技的画面，而不是整个节目序列。要注意的是，已经设定了两个关键帧，如图 2-5-5 所示。

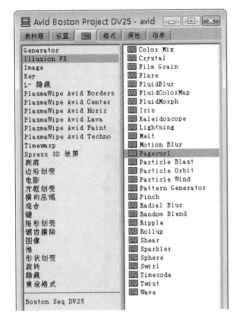

图 2-5-5　加 Pagecurl "卷页"特技后的首、尾帧界面

下面更进一步来了解特技编辑器。

如图 2-5-6 显示的是叫"翻页"（Pagecurl）特技编辑器，当前正处理的特技名字会显示在特技编辑器的顶端，编辑器中罗列了可以调整的特技参数，小三角形可以打开进入到滑块显示，用来控制某些特定参数。单击那些三角形图标可以显示或隐藏滑块。

不同的特技有其不同的参数，同一类型的特技通常有类似的参数。如图 2-5-7 显示的是正在调整的特技编辑器，一个"翻页"特技已经被加到这两个画面之间了。

图 2-5-6　"Pagecurl"卷页特技编辑器　　　　图 2-5-7　卷页特技效果

2.5.2 添加特效

1．转换特效

常用转场特技的类型有"叠化"（Dissolve）、"淡入"（Fade from Color）、"淡出"（Fade to Color）、"闪"（Dip to Color）和"划像"等。

步骤 1：将蓝色标志线置于需要添加转场特效的两个素材接点即编辑点处，如图 2-5-8 所示。

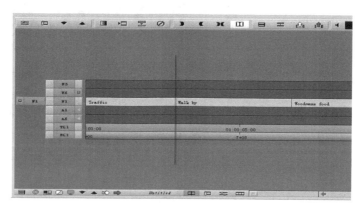

图 2-5-8　找到"编辑点"

步骤 2：单击"快速转场"按钮 ，出现"快速过渡"对话框，如图 2-5-9 所示。
步骤 3：选择"转场特效"类型为渐隐，如图 2-5-10 所示。

图 2-5-9　"快速过渡"对话框　　　　图 2-5-10　"快速过渡"对话框中添加下拉菜单

步骤 4：用鼠标拖动转场特技图例，调整转场特技的相对位置，如图 2-5-11 所示。

素材 A 的出点后与素材 B 的入点前应有用于叠化的足够素材；没有足够的源素材供该特技使用时，会打开一个对话框，说明源素材不足的是"素材 A"还是"素材 B"，并提供自动调整特技大小以适合媒体。

A 的出点后与 B 的入点前的素材为相同内容（初学者习惯将一段素材切断后立即添加"渐隐"特技以制造两者的转场），此时添加渐隐特技没有效果。素材 A 与 B 要实现相互叠化而又没多余的素材时，将 A 与 B 分为两轨交叠放置，应用渐隐特技或头部/尾部渐变特技。

步骤 5：调整转场特技的时间长度，如图 2-5-12 所示。时间长度的调整可以通过直接设置值（Duration）来实现，也可以用鼠标在图例上直接拖动。

 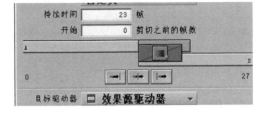

图 2-5-11　特技相对位置　　　　　　　　　图 2-5-12　特技持续时间

步骤 6：单击"添加并渲染"（Add and Render）按钮确认，如图 2-5-13 所示。

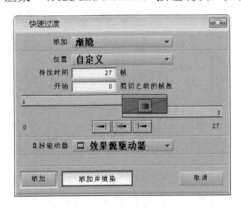

图 2-5-13　"添加并渲染"特技

步骤 7：时间线上会出现设置的转场特效图标，如图 2-5-14 所示，单击"播放"按钮可观看效果。

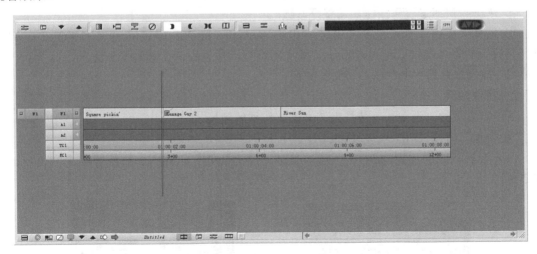

图 2-5-14　预览/特技效果

步骤 8：打开特效编辑器可以改变过渡的颜色，持续时间等。"淡入"（Fade from Color）、"淡出"（Fade to Color），"闪"（Dip to Color）这几种转场特技都可以通过（"添加快速过渡"按钮）应用来实现，无须使用"特技选择板"。其他的划像特技可以在"特技选择板"选择，然后拖动到时间线上的相应的位置，如图 2-5-15 所示。

图 2-5-15 将"Pagecurl"卷页特技添加编辑点处

头部渐变与尾部渐变按钮与黑场配合可以实现画面声音淡入淡出效果。

将快速过渡特技应用于多个过渡。

① 在要添加特技的过渡周围标记"入点"和"出点"。

② 对于要添加特技的轨道,确保该轨道被选中。

③ 单击"快速过渡"按钮,调整好参数。

④ 选择"应用于所有过渡"(入点→出点)(Apply to All Transitions(IN→OUT)。特技选择面板中的许多特技既是过渡特技又是片断特技,放置在两个素材片断之间时作为过渡特技使用,放置在片段中则作为片段特技使用。

2. 特殊效果

下面以常见的"画中画"特技为例来讲解特技的效果。

"画中画"特技(Picture-in-Picture)

(1)素材相应的如图 2-5-16 所示。在时间线上的 V1 轨和 V2 轨放置相应的素材,如图 2-5-17 所示。

背景(V1 轨)　　　　　　　　　　　　前景(V2 轨)

图 2-5-16　素材

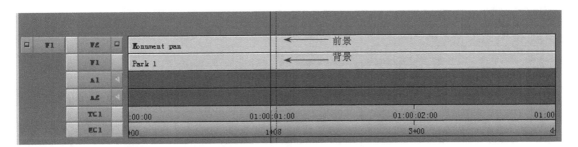

图 2-5-17　前景和背景时间上布局

（2）打开特技面板，选择需要添加的特技，选择"混合"中的"画中画"（Picture-in-Picture），拖动选择特技到时间线上的素材片段上，如图 2-5-18 所示。

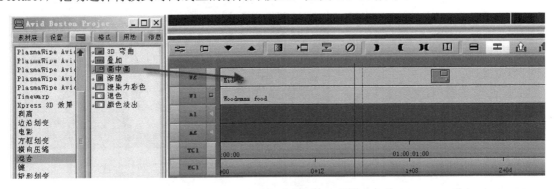

图 2-5-18　添加"画中画"特技

（3）监视器窗口中将实时显示添加画中画特技后的效果，如图 2-5-19 所示。

图 2-5-19　添加"画中画"特技后效果

（4）单击时间线上的"特技编辑"按钮 ，进入特技编辑模式，如图 2-5-20 和图 2-5-21 所示。特技参数随特技类型的不同而有所不同，以"画中画"特技为列，主要参数有边框粗细及颜色设置、前景透明度设置、前景比例及位置设置等。

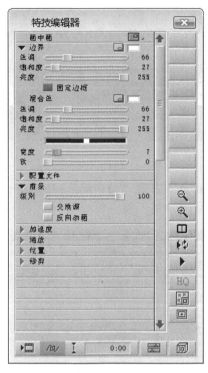

图 2-5-20 "画中画"特技编辑器

图 2-5-21 修改"画中画"特技参数后效果

① 边框设置：边框设置包括边框线的宽度、颜色及柔和度等内容。颜色设置中包括色调、饱和度和亮度设置，如图 2-5-22 为边框颜色设置效果。

图 2-5-22 画中画特技中边框颜色

② 叠加程度设置：Foreground 前景中的 Level 级别参数可设置前景图像的叠加程度（即透明度）。选中 Swap Sources 交换源可交换前景和背景内容，选中 Reverse Animation 反向动画可使设置的关键帧序列按反方向顺序排列，从而影响设置的运动效果。

③ 大小、位置：Scaling 缩放中的 Wide 宽和 Hight 高可设置前景图像的宽度和高度，选中 Fixed Aspect 保持图像的原有比例，改变一个参数值，另一个参数也随之改变。取消 Fixed Aspect 可分别调整图像的宽度和高度。Position 可设置前景图像在显示屏中的位置。

④ 裁减设置：Crop 中的 4 个参数用于设置前景图像的可视部分，可从上、下、左、右四边进行裁剪。

- T：控制画面顶部删除部分。数值范围 0~999：0 是屏幕顶部，500 是中间，999 是屏幕底部。
- B：控制画面底部删除部分。数值范围-999~0：0 是屏幕顶部，-500 是中间，-999 是屏幕底部。
- L：控制画面左部删除部分。数字化范围 0~999：0 是屏幕顶部，500 是中间，999 是屏幕最右边。
- R：控制画面右部分删除部分。数值范围-999~0：0 是屏幕顶部，-500 是中间，-999 是屏幕最左边。

经验谈

特技叠加。当一个素材片段上已有一个特技效果（包括色彩修正效果等），需要添加另一个特技，这时按住"Alt"键将第二个所需特技拖动到该片段上，即可实现特技叠加。

3．特技模板

进入特技编辑器，特技编辑器中右上方有一个该特技的图标，将这个特技图标拖动到 Bin 窗口中可作为特技模板，如图 2-5-23 所示。别的片段需要应用这样特技时将这个模板拖动到片段上即可。按住"Alt"键拖动特技图标，可以连素材一起保存。

把特技图标拖动到"Bin"窗口的媒体夹中，即保存该特技

图 2-5-23　保存"Pagecurl"卷页特技

4．关键帧

关键帧是指设置不同特技参数的画面帧，用于实现特技的动态变化效果。添加一个特技后，选择特技编辑模式，编辑窗口的播放条会显示相应的关键帧信息，关键帧以三角形状显示，如图 2-5-24 所示。

图 2-5-24　添加关键帧

① 增加关键帧：将蓝色标志线移到需要添加关键帧的画面，单击添加关键帧按钮。
② 删除关键帧：单击点亮需要删除的关键帧，按键盘"Delete"键删除。
③ 移动关键帧：按住"Alt"键并拖动需要移动的关键帧，可将关键帧移到新的位置。
④ 关键帧参数的复制和粘贴：单击要复制参数的关键帧。按"Ctrl+C"组合键复制关键帧参数。单击另一个关键帧，按"Ctrl+V"组合键粘贴关键帧参数。
⑤ 调整好特技参数后关闭特技编辑器，播放时间线上的素材可浏览特技效果。

5．特技生成

把位置指示器移动到"时间线"中的特技上。确保包含该特技的轨道已被选定在"特技编辑器"（Effect Editor）中，单击"渲染特技"（Render Effect）按钮，或者选择"素材片段"（Clip）→"渲染特定位置"（Render at Position）。或直接单击时间线上的弹出对话框，如图 2-5-25 所示，单击"驱动器"（Drive）弹出菜单，然后为渲染媒体选择一个驱动器，将特技生成文件保存到素材所在的硬盘"效果源驱动器"（Effect Source Drive）。

单击"确定"按钮，取消特技生成按"Ctrl+."组合键。

（1）在入点和出点之间渲染多个特技。
① 选择包含要渲染的特技的全部轨道。
② 在"源/采集"（Source/Record）模式中，在序列中将开始渲染的第一个特技前标记入

点，在最后要渲染的特技后标记出点。

③ 选择"素材片段"（Clip）→"渲染入点/出点"（Render In/Out）命令。

④ 如果不想渲染选定特技组的实时特技，选择"跳过实时特技"（Skip Real-time Effects）选项即可。

（2）调整渲染设置参数。

在"项目"（Project）窗口的"设置"（Settings）下拉列表中，用鼠标左键双击某个"渲染"设置，如图 2-5-26 所示。渲染设置选项的说明如下。

图 2-5-25　选择"驱动器为效果源驱动器"进行渲染特技　　图 2-5-26　渲染设置

① 渲染完成声音：为应用程序设置一个声音，在渲染处理完成时发出。这在渲染多个特技时非常有用，如图 2-5-27 所示。

➢ 无（None）：禁用渲染完成声音。此为默认设置。

➢ 系统笛音（System Beep）：将渲染完成声音设置为与操作系统设置声音相匹配。

➢ Render 声音（Render Sound）：将渲染完成声音设置为定制的 Avid 声音。

② 动画特技渲染使用（Motion Effects Render Using）：选择一个选项，确定用于渲染或重新渲染现有的动画特技（非 Timewarps 特技）的处理方法。包括下面几个选项，如图 2-5-28 所示。

 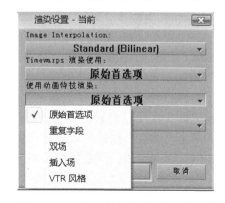

图 2-5-27　渲染设置对话框中"渲染完成声音"下拉菜单　　图 2-5-28　使用动画特技渲染下拉菜单

- 原始首选项（Original Preference）：按原始创建特技时的类型渲染特技，无论为何种类型。
- 重复场（Duplicated Field）：在特技中显示单场。
- 双场（Both Fields）：在特技中显示双场。
- 插入场（Interpolated Field）：结合原始媒体中第一个场的扫描线对，创建特技的第二个场。此选项在场级别计算动画特技，而不是在帧级别。使用此方法会产生最平滑的特技，因为应用程序考虑了所有场，而不会打乱场的原始次序。
- VTR 风格（VTR-Style）：通用完整的扫描线切换原始媒体的选定视频场，创建特技的第二个场。

③ Timewarps 渲染使用（Timewarps Render Using）：选择一个选项，确定渲染或重新渲染 Timewarps 特技时采用的处理方法。包括下面几个选项，如图 2-5-29 所示。

图 2-5-29　Timewarps 渲染使用下拉菜单

- 原始首选项（Original Preference）：按原始创建特技时的类型渲染特技。
- 重复场（Duplicated Field）：在特技中显示单场。
- 双场（Both Fields）：在特技中显示双场。
- 插入场（Interpolated Field）：结合原始媒体中第一个场的扫描线对、创建特技第二个场。此选项在场级别计算动画特技，而不是在帧级别。使用此方法会产生最平滑的特技，因为应用程序考虑了所有场，而不会打乱场的原始次序。
- VTR 风格（VTR-Style）：通用完整的扫描线切换原始媒体的选定视频场，创建特技的第二个场。
- 混合插入（Blended Interpolated）：应用程序混合或平均原始帧或场中的像素，以创建中间帧或场。

2.6　音频应用

Avid 软件是一款功能强大、效果出色的多轨录音和音频处理软件。它是一个非常出色的数字音乐编辑器和 MP3 制作软件。可以用声音来"绘"制：音调、歌曲的一部分、声音、弦乐、颤音、噪声或是调整静音。而且它还提供有多种特效为你的作品增色：放大、降低噪声、压缩、扩展、回声、失真、延迟等。同时处理多个文件，轻松地在几个文件中进行剪切、粘贴、合并、重叠声音操作。使用它可以生成的声音有：噪声、低音、静音、电话信号等。

2.6.1　混音器（Audio Mixer）

混音器有两种，一种是"软件类型"的混音器，一种是"硬件类型的混音器"。软件类型的混音器，是将多个音频文件、线路输入音频信号混音后，合成单独的音频文件；硬件类型的混音器，是一种将各种音频信号（多路输入，多路输出）；通过机器内部电路，调节各分路音量旋钮，将所输入的音频信号混合起来输出。

综上所述，软件类型的混音器的混音输入可以是数字音频文件和线路输入音频信号，输出则为数字音频文件，而硬件类型的混音器混音输入则为不同线路的模拟音频信号，输出依然为模拟信号。由于原理不同，软件类型的混音器和硬件类型的混音器的应用也大相同，前者主要用于音频处理，后者主要用于音响设置。

1. 手动记录音频调整

（1）使用快速菜单调整音频

当我们进行音频调整时，首先打开时间线上的快速菜单 ，选择其中的音频数据项，并且看到音频的相关调整参数，如图 2-6-1 所示，参数的中英文对照说明如表 2-6-1 所示。

可以看到音频数据（Audio Data）音频选项，点中会在时间线音频部分看到变化：

（2）对时间线上音频进行音量调节时，选择图 2-6-1 中的"自动增益"（Auto Gain）命令，在时间线上按"引号"键（软件版本不同，快捷键也不同，也可以根据自己的制作习惯进行更改），可以看到音频关键帧的出现，如图 2-6-2 所示。

图 2-6-1　快捷菜单中"音频数据"菜单

表 2-6-1　"音频数据"选项的中英文对照

Energy Plot	能量图（引擎波形）
Sample Plot	样本曲线（波形）
Clip Gain	声音素材片段的增益（显示在音频时间线上）
Auto Gain	声音自动增益（音量调节）
Auto Pan	声音自动声像控制（左/右声道调节）

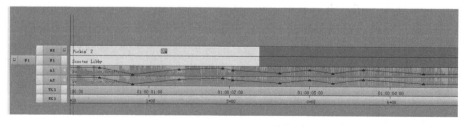

图 2-6-2　"自动增益"关键帧的添加

（3）如果需要对不同位置的声音，进行音量调整，如图 2-6-3 所示，可多次按"引号"键进行关键帧设置，只用鼠标拖动即可，调整不同位置的声音音量大小。

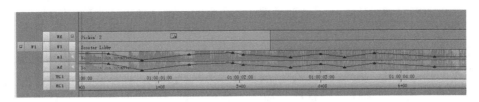

图 2-6-3　调整"自动增益"关键帧

2．声像调节方法

同音量调节的操作。选择"界面风格"菜单中的"音频编辑"命令，如图 2-6-4 所示，可以直接激活"Audio Mixer"工具。

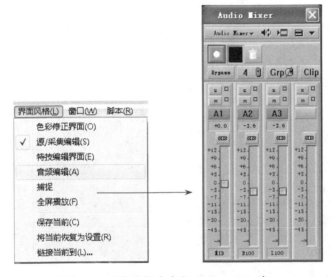

图 2-6-4　音频编辑命令和 Audio Mixer 窗口

"声音调整"的 3 个工具"均衡"（EQ）、"混音器"（Audio Mixer）、"音频套装插件"（Audio Suite），如图 2-6-5 所示。

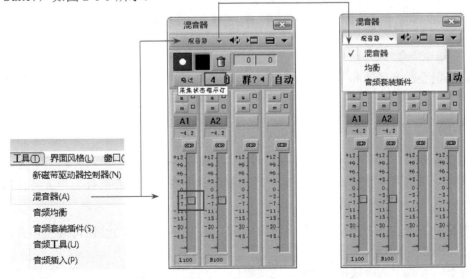

图 2-6-5　混音器窗口

录音：这里的录音键位，只记录推子按钮▣调整的位置，并非记录音频信号。

（1）"混音器"

音频工具中的声音调整是针对音频轨上的所有声音音量。在声音的合成中，常会涉及多轨声音音量的独立调整。这就需要用到"混音器"工具。

在"工具"菜单中选择"混音器"命令，弹出"混音器"对话框。混音工具可选择 4 轨、8 轨和 16 轨混音方式，如图 2-6-6 所示。

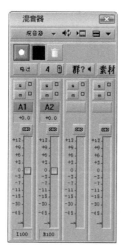

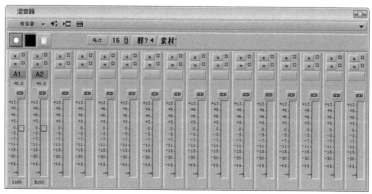

图 2-6-6　"混音器"对话框

指定需调整的音频轨和节目片段，上下滑动窗口中的控制按钮，可以改变该段落电平的大小。

经验谈

在实际工作中，常常节目中的某一点到另一点的电平需作调整，而并非刚好是一个完整的剪辑段落，这就需要在调出"混音器"对话框之前，在指定的音频轨上标上将作调整部分的入点和出点后，再作相应调整。

单击窗口下方的左右声道显示，出现滑动条，用鼠标拖动滑动按钮可改变声音偏移左右声道值，如图 2-6-7 所示。

单击不同音轨上的链接按钮▣，呈现绿色显示▣表示该按钮起作用。常用于几轨音频的同步调整，如图 2-6-8 所示。

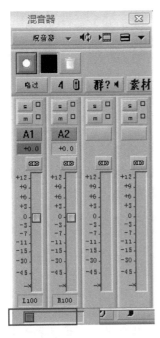

图 2-6-7　混音器

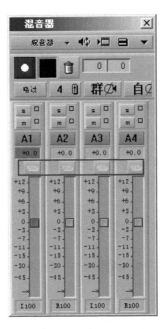

图 2-6-8　混音器 A_1，A_2，A_3，A_4 同步调整

（2）"自动增益"（Audiomatic Gain）

"自动增益"（Audiomatic Gain）工具的最主要特点是可以把声音的调整过程记录下来，并可以通过调整关键帧，达到精确调整声音的目的，如图 2-6-9 所示。

自动增益窗口和混音窗口大体相似，增设的录制按钮 ■，可以将声音的调整过程记录下来。打开时间线窗口的快捷菜单 ■，选择能量图和自动增益两项，如图 2-6-10 所示。

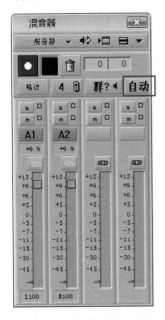

图 2-6-9　混音器自动记录

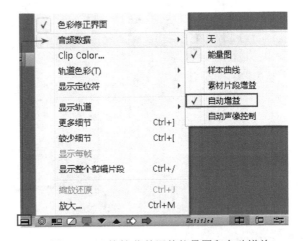

图 2-6-10　快捷菜单调整能量图和自动增益

可直接在时间线上进行编辑，如图 2-6-11 所示。

图 2-6-11 时间线上关键帧

 经验谈

将蓝色标志线移至需加关键帧处，按"引号"键增加关键帧；直接上下拖动关键帧可以调整音频增益的大小；按键盘"Alt"键并拖动关键帧可改变关键帧的位置。如需删除单个关键帧，将鼠标移至关键帧，当光标形状变成手状图形时，按键盘"Delete"键或"Backspace"键删除。如需删除多个关键帧，在时间线上标记入点和出点，并选中相应轨，就可删除该区域内的所有关键帧。

2.6.2 音频均衡工具（Audio EQ）

音频均衡调节也是音频编辑中一项十分重要的处理方法，它能够合理改善音频文件的频率结构，达到我们理想的声音效果。如音量大小、淡入淡出效果，满足各种音量变化的需求。音频均衡工具，通过对各种不同频率的电信号的调节来补偿扬声器和声场的缺陷，补偿和修饰各种声源及其他特殊作用，一般均衡器仅能对高频、中频、低频三段频率电信号分别进行调节。

"音频均衡工具"（Audio EQ）可以调整 50Hz 到 15kHz 之间的高、中、低三段均衡。3 个 DB 表 1 个横向 Hz 表可供调节均衡，EQ 工具中快速菜单保留了一些通用的均衡调节方式，如图 2-6-12 所示。

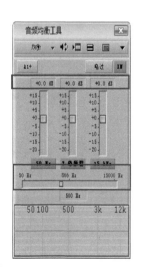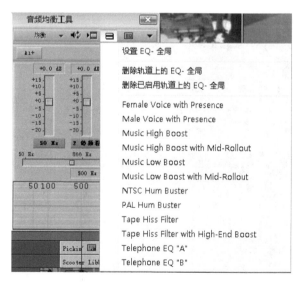

图 2-6-12 "音频均衡工具"

 经验谈

"音频均衡工具"中的快捷菜单中有预设好的模板可用，如模拟电话效果声"A"和

"B"。"磁带去嘶声"(Tape Hiss Filter)将磁带中的嘶嘶声去除,"去 N 制的低噪声"(NTSC Num Buster)可去除 N 制系统中的低噪声。

2.6.3 音频套装插件窗口(Audio Suite)

音频套装方面插件种类很丰富,大部分都是软效果器插件,软效果器,顾名思义就是用软件模拟真效果器,也就是所说的"硬"效果器。音频套装插件使用起来很方便,都来自于专业的音频制作软件 Protools。

"音频套装插件窗口"(Audio Suite),如图 2-6-13 所示。

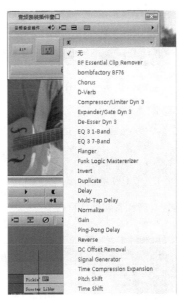

图 2-6-13 音频套装插件窗口和下拉列表

所有音频插件,全部来自 Protools 音频工作站,选择一个插件后,单击"声音特技调整"键(电源插座图标)可以进行对当前特技数值的调整,如图 2-6-14 所示。如图 2-6-15 所示,所选中的插件是"D-Verb"混响效果,以及这个效果的数值设定。

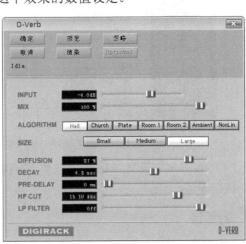

图 2-6-14 音频套装插件窗口　　　　图 2-6-15 "D-Verb"影响设置

"音频套装插件窗口"提供了多种音频效果。下面介绍常用的几种效果,由于音频设置比较抽象,在实际使用过程中要注意经验积累。

"倒放"(Reverse)

倒放是一种不需要参数设置的音频效果。

(1)将蓝色标志线移到需添加音频效果的音频片段,如图 2-6-16 所示。

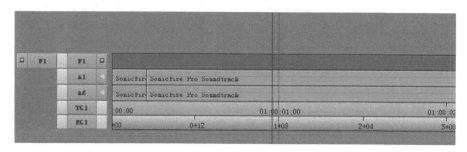

图 2-6-16　蓝色标志线放在要找音频特效位置上

图 2-6-17　音频套装插件窗口

(2)单击"工具"(Tools)菜单中的"音频套装插件窗口"命令,打开"音频套装插件窗口"对话框,如图 2-6-17 所示。

(3)单击音频效果选择菜单,选择"倒放"(Reverse)音频效果,如图 2-6-18 所示,时间线上的音频片段会出现音频特技图标。

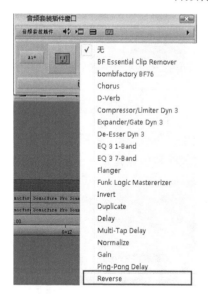

图 2-6-18　音频效果下拉列表 Reverse 选项

(4)单击参数设置按钮,可调整音频特技参数。本例中的倒放效果无参数,单击"确定"按钮即可。

经验谈

参数设置对话框中的"预览"(Preview)用来监听生成的声音效果。

"延时"(Delay)

延时效果可以模拟音效的回声,从而形成声音的空间感(回响)。这是利用声学特性,主要是混响和延时效应及人耳对声音的感觉特性所造成的。

下面以"延时"(Delay)为例来说明延时效果的运用,如图 2-6-19 所示。

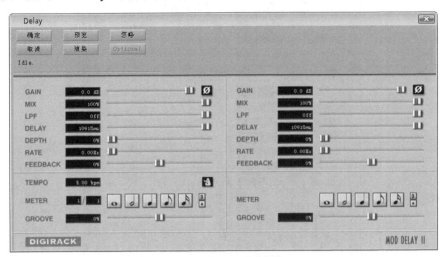

图 2-6-19 "Delay"对话框

- ➤ GAIN:这一参数可以调节延时声音的音量大小。
- ➤ MIX:这一参数可以设定原始声音与延时声音之间的混合比例。默认值为 50%,也就是原始声音与延时声音各占一半。
- ➤ DELAY:这一参数可以设定原始声音与回声之间的时间间隔。
- ➤ DEPTH:这以参数可以设置延时信号的调制深度。较高的数值产生音调的较大变化,通常默认值比较小。
- ➤ RATE:这一参数可以设置延时信号的调制速度。
- ➤ FEEDBACK:这一参数可以设定有多少延时声音被反馈到原始音频信号中。

经验谈

运用声音的延时效果来表现声音所处的具体空间,能给人真实、亲切的感觉。如表现一个空旷的山谷,加上声音的回荡声,就会显得更加空旷、逼真。不适宜的声音混响,会使清晰的语言变得含糊不清。而模拟特定的环境,让声音加长混响的时间,又能得到庄严洪亮的效果。更长时间的混合,则能得到类似山谷回声等特殊音响。在回忆的画面上,使某句话不断重复,则又能起到反复强调的作用。

"变调"(Pitch Shift)

音调是声音的要素之一,是指人耳对声音高低的感觉。

例如,分别敲一个小鼓和一个大鼓时,会感觉它们所发出的声音比较清脆,大鼓所发出的声音比较低沉。分别敲击一个小音叉和一个大音叉时,也会感觉小音叉所发声音比较高,也就是音调高,大音叉所发声音比较低,即音调低。

音调主要与声音的频率有关,当声波的频率提高时,人们感到音调提高了。女性说话的语音频率比男性高，所以感觉女性的声音比男性的声音尖。

"变调"（Pitch Shift）可以用来改变音调。关键参数设置是"比率"（RATIO），正常音调如图 2-6-20 所示，将滑块向左拉动可以降低音调，向右拉动可以提高音调。

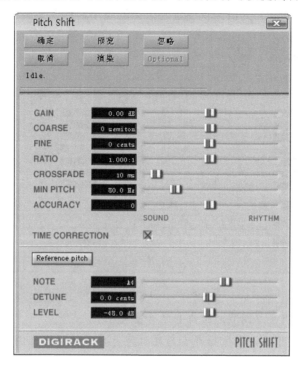

图 2-6-20　"变调"（Pitch Shift）对话框

"增益"（Gain）

"增益"（Gain）用来调节音量的大小，只有一个参数，如图 2-6-21 所示。可以直接输入增益的 dB 值或音量的百分比，也可以拖动控制滑块改变音量大小。

图 2-6-21　"增益"（Gain）效果对话框

经验谈

"增益"（Gain）常用于表现声音的"特写"。声音的特写是指对某一特定声音的突出表现。它可以塑造特殊的气氛，如超过实际音量的钟表走时声，象征紧张气氛下的时间推移。夸大秋虫的鸣叫，可以烘托秋夜的宁静等。

"压缩"（Compressor）

"压缩"（Compressor）可以压缩音频的高音部分与低音部分之间的动态变换，参数控制面板如图 2-6-22 所示。

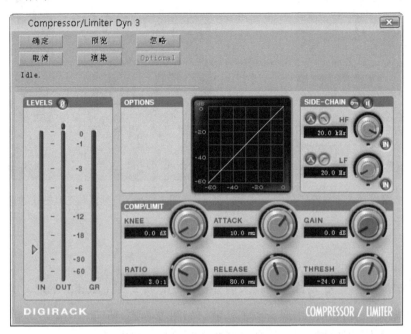

图 2-6-22　"压缩"（Compressor）效果对话框

- IN：显示原始声音的音量。
- OUT：显示压缩后声音的音量。
- GAIN：这一参数可以设定阈值处的声音电平。
- RATIO：这一参数可以设定声音的压缩比。
- THRESH：这一参数可以设定哪些音频部分被放大或缩小，也就是阈值。

经验谈

与"压缩"（Compressor）作用相反的音频效果是"扩展"（Expander），用于扩展音频的高音部分与低音部分之间的动态变换。当然扩大有一定的范围限制，不能超过原始音频的有效范围。

2.6.4　音频工具（Audio Tools）

"音频工具"（Audio Tools）主要用来调整输入和输出时音频的电平，用于节目编辑时的音频监听。下面结合声音录制实例来讲解音频工具的使用。

（1）单击"工具"菜单下的"录制"（RECORD）命令，打开"音频插入工具"对话框，关闭遥控开关。在 Audio 的下拉菜单中选"Windows Mixer"输入，如图 2-6-23 所示。

（2）选择 CH1 和 CH2 中 A1 和 A2 音频按钮，为录制的音频文件命名，如图 2-6-24 所示。单击录制按钮开始录音。

图 2-6-23　音频插入工具窗口　　　　　图 2-6-24　音频插入工具的轨道选择和录制

(3) 按空格键停止。

提示

声音录制或采集中，音频信号的输入调整可通过音频工具（Audio Tools）实现。

(4) 单击音频工具按钮，出现音频工具窗口如图 2-6-25 所示。如需放大音频输入时的电平，向上拖动输入栏的滑动按钮。反之可减弱音频输入时的电平。

 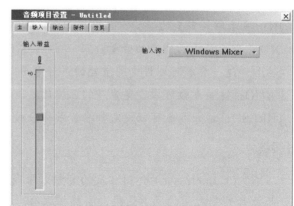

图 2-6-25　音频工具中输入设置

经验谈

正常的音频信号显示应保持在黄色指示条左右，如果出现红色指示条表明音量超出正常范围，应当调整。

2.6.5　音频插入（Audio Punch-in）

音频插入（Audio Punch-in）支持同期声录制，可用来根据画面配画外音。

影视节目中除了对白之外，解说词也是常见的语言方式。解说词可以在摄像机镜头内进行，也可以在画外进行。在这两种形式中，解说词在画外进行时，在屏幕上看到的常常是和某人或某物有关的图像而不是讲述者本人相关内容画面。画外解说词被称为画外音解说，当讲述者或其他出境者在镜头内进行解说时，称为画内音。

无论在哪一种纪实或信息类节目中，对节目声音部分结构的基本决策都集中于是否使用解说词或主持人。是否使用解说员不仅涉及编导本人的偏好，还与节目的制作目的有关。比如，对于介绍手工艺制作流程的节目，如果没有解说员解释相关流程的技术要素，并将节目的不同部分用解说词连接起来，就很难成为一个完整的节目。

具体操作要点为：选择录制音频空轨（如 A1 和 A2），并选择输入音源为麦克风，如图 2-6-26 所示，单击录制按钮开始录音，按空格键停止。

图 2-6-26　"音频插入工具"窗口

2.7　磁带采集和输出磁带

所谓磁带采集就是将磁带的视音频信号，通过专用的模拟、数字转换设备，转换为二进制数字信息的过程。在磁带采集工作中，视频采集卡是主要设备，它分为专业和家用两个级别。专业级视频采集卡不仅可以进行视频采集，并且还可以实现硬件级的视频压缩和视频编辑。

输出磁带就是将笔记好的节目，回录到磁带的过程。

1. 磁带采集

（1）单击工具菜单中的"捕捉"命令（"Ctrl+7"组合键），如图 2-7-1 所示，进入捕捉界面。

图 2-7-1　"捕捉"命令

（2）"捕捉工具"界面，如图2-7-2所示。具体功能如图2-7-3和图2-7-4所示。

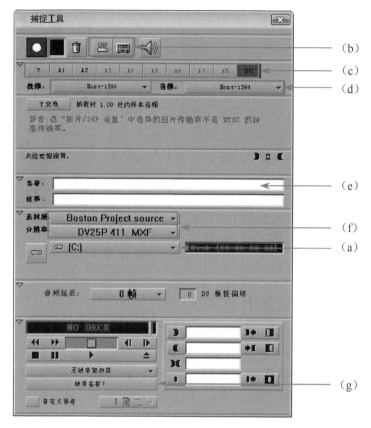

图2-7-2 "捕捉工具"窗口1

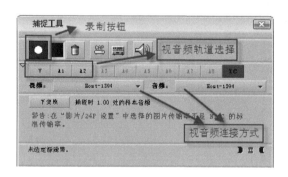

图2-7-3 "捕捉工具"窗口2

图2-7-4 "捕捉工具"窗口3

① 采集。

a．配置好外部磁带驱动器或外部播放设备。

b．选择遥控采集或是直接采集，是否要批采集。

c．选择要采集的视频和音频轨道或者时间码轨道。

d．选择视音频信号来源。

第 2 章 Avid 操作入门

e. 在素材名称栏为素材命名。

f. 选择要采集的格式和媒体素材放置的磁盘驱动器，选择采集素材要进入的 Bin。

g. 为磁带命名带名，如果遥控采集，可以遥控回放需要的素材，然后设置入点出点，单击"录制"按钮，采集状态栏开始闪烁，表示正在采集，再次单击"采集"按钮，采集结束。

② 批采集。

a. 首先单击"采集\批采集转换"按钮，然后执行上面采集中 a．~g．步骤，采集多个素材片段，这里的采集并没有把视频和音频信号储存到磁盘，只是记录了素材的名称、素材的入出点和该素材相关的信息。采集的素材信息会记录在"Bin"中。

b. 关闭采集窗口，然后在 Bin 中选择要批采集的素材片段或 Sequence 序列，在 Avid Media Composer 的菜单中选择 Bin/Batch Capture，采集窗口会自动弹出，提示要采集的内容并提示要采集的带名，放入相应的磁带，单击"确定"按钮，完成批采集。

2．输出到磁带

选择输出菜单中"输出到磁带"命令，如图 2-7-5 所示。

（1）输出到磁带的操作步骤：

① 在序列中渲染所有非实时效果。

② 通过加速器或直接通过火线 fireware 连接录音机。

③ 选定需要输出序列中的相应视音频轨道。

④ 选择输出"Output"菜单中的"Digital Cut"→"输出到磁带"选项，如图 2-7-5 所示。准备输出到磁带，如图 2-7-6 所示。

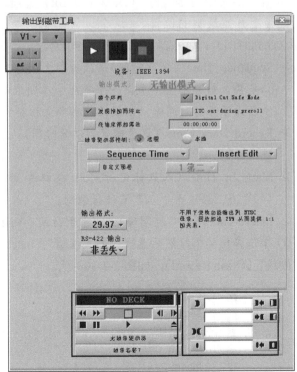

图 2-7-5 "输出到磁带"命令　　　　图 2-7-6 "输出到磁带工具"对话框

⑤ 单击按钮可将节目序列录制到磁带上，单击按钮停止录制。在录制过程中也可以按键盘上的空格键停止录制。

（2）输出界面设置选项：

① Entire Sequence（整个序列）：如果希望系统忽略任何"入"点或"出"点并从头到尾播放整个序列，请选择"整个序列"（Entire Sequence）选项。如果已经为采集部分序列建立了"入"点、"出"点，或两点都建立了，请取消选择"整个序列"（Entire Sequence）选项。

② Video Effect Safe Mode（视频特效安全模式）：单击"效果安全模式"（Effect Safe Mode）按钮（默认情况下选中），让系统给出有一个效果需要渲染的通知。

③ Stop on Dropped Frames（在丢帧时停止）：出现丢帧时停止输出。

④ Add Black at Tail（在结尾添加黑场）：输入时间码，如图 2-7-7 所示，在输出到磁带的结尾添加黑片。

⑤ Deck Control（磁带驱动器控制）：可选择以"远程"（Remote）模式或以"本地"（Local）模式输出。"远程"（Remote）模式是有在有遥控的情况下使用，如果没有遥控使用"本地"（Local）模式，如图 2-7-8 所示。

图 2-7-7　输出界面选项 1

图 2-7-8　输出界面选项 2

⑥ 在"磁带驱动器控制"（Deck Control）选项区域单击弹出菜单，然后选择一个选项，指示磁带上开始录制的位置。（这个设置只能在"远程"（Remote）模式下使用）Sequence Time（序列时间），其中选项如图 2-7-9 所示。

➤ Sequence Time（序列时间）：从磁带上现有时间码与序列中开始时间码匹配的位置开始采集。如果希望一个接一个将几个序列录制到磁带上，则此选项要求在每个序列中重新设置开始时间码，以便匹配磁带上相应的"入"点。

➤ Record Deck Time（记录磁带驱动器时间）：忽略序列的时间码，按磁带当前的时间码进行录制。

➤ Mark In Time（入点标记时间）：忽略序列时间码，在采集磁带上建立一个特定的"入"点，按这个"入"点进行录制。

➤ Ignore Time（忽略时间码）：不录制时间码到磁带上。

⑦ 单击弹出菜单，然后选择"插入编辑"（Insert Edit）或"组合编辑"（Assemble Edit）及"硬录"（Crash Record），如图 2-7-10 所示。

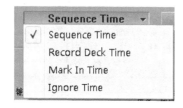

图 2-7-9　磁带驱动器远程控制下拉列表

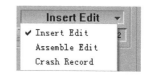

图 2-7-10　磁带编辑方式选择项

只有在"磁带驱动器首选项"（Deck Preferences）对话框中启用了组合编辑时，此菜单才出现。

a. 组合编辑，如图 2-7-11 和图 2-7-12 所示

在"项目"（Project）窗口的"设置"（Settings）滚动列表中双击"磁带驱动器首选项"（Deck Preference）。

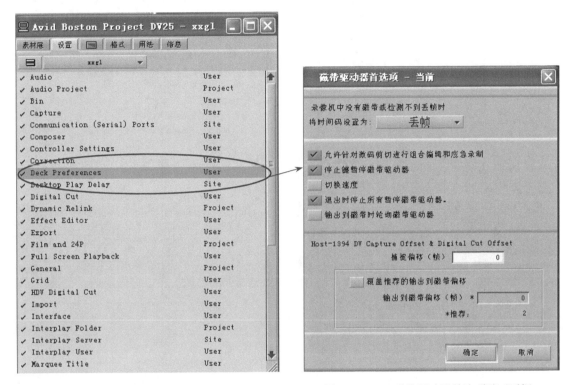

图 2-7-11 "Deck Preferences"设置　　　图 2-7-12 "磁带驱动器首选项"对话框

选择"允许对输出到磁带进行组合编辑"（Allow Assemble Edit for Digital Cut）选项。

b. 选择"硬录"（Crash Record），对应在前面要选择"忽略时间码"（Ignore Time）

"自定义预卷"（Custom Preroll）：单击弹出菜单，然后选择秒数，指示在输出到磁带开始前磁带应滚动的时间。此选项将覆盖"磁带驱动器设置"（Deck Settings）对话框中的"预卷"（Preroll）设置，如图 2-7-13 所示。

图 2-7-13 "自定义预卷"选项

⑧ DV 偏移（DV offset）：

设置 DV offset，如图 2-7-14 和图 2-7-15 所示。

a. 单击"项目"（Project）窗口中的"设置"（Settings）选项卡。

b. 双击"磁带驱动器首选项"（Deck Preferences）。

c. 选择"覆盖推荐的输出到磁带延迟"（Override Recommended Digital Cut Delay）。

d. 确定近似的延迟并在"输出到磁带延迟（帧）"（Digital Cut Delay（frames））文本框中输入延迟值。

e. 单击"确定"按钮。该延迟就会反映在 DV 偏移中。

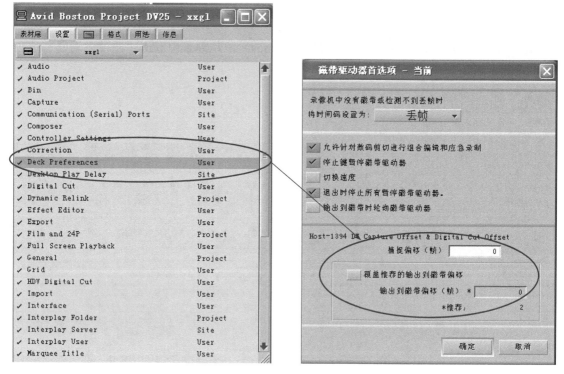

图 2-7-14 "Deck Preferences"设置　　图 2-7-15 磁带驱动器首选项

第 3 章

Avid 专项实例

项目 3-1——制作模糊字效果

模糊字中的一种字符渐渐模糊淡入或淡出视线的模糊效果。

模糊字效果，就是在开始出现字的某些区域，逐渐产生模糊效果，然后渐渐使字变得柔和清晰的过程，反之亦然。

【技术要点】：双击文字层，在打开的文字层子层上添加"图像"→"绘画效果"，同时选中其中的 Blur（模糊）选项调整其关键帧，设置关键帧动画，这样就产生了字由模糊到清晰的效果。

【技术要点】：通过调整"图像"特效中"绘画效果"的参数来实现模糊字效果。

【项目路径】：素材\chap03\模糊字。

【实例赏析】

打开素材文件，观看模糊字效果。模糊字效果如图 3-1-1 所示。

（a）字由模糊变得清晰

（b）字由清晰变得模糊

图 3-1-1 模糊字效果展示

【制作步骤】

步骤 1：新建项目。运行 Avid 程序，选择新建项目按钮，在弹出的"新建项目"对话框中的项目名称处输入"模糊字"，格式选择 25i PAL，如图 3-1-2 所示。单击"确定"按钮后，模糊字项目建立完成，再次选择"确定"按钮，如图 3-1-3 所示，进入 Avid 编辑界面。

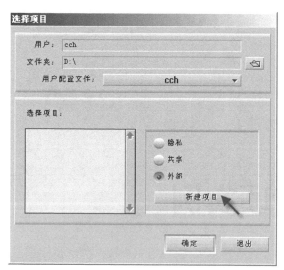

图 3-1-2　新建项目窗口中输入项目名称

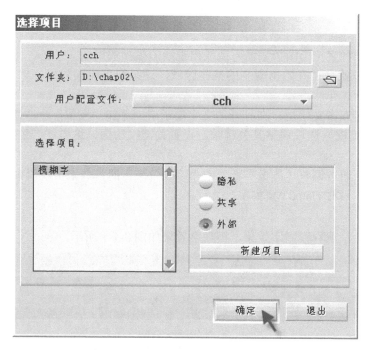

图 3-1-3　"选择项目"窗口

步骤 2：建立字幕。选择"工具"菜单中的"字幕工具"命令，在弹出"新建字幕"对话框中，单击"字幕工具"按钮，如图 3-1-4 所示，进入字幕工具界面。

图 3-1-4 "新建字幕"对话框

步骤 3:选择工具栏上的"T"文字工具,在光标处输入文字"模糊",调整好文字的大小和位置,如图 3-1-5 所示。然后单击关闭字幕工具窗口,在弹出的字幕保存对话框中,单击"保存"按钮,输入字幕名称和驱动器位置及设置文字分辨率,如图 3-1-6 所示,保存字幕。

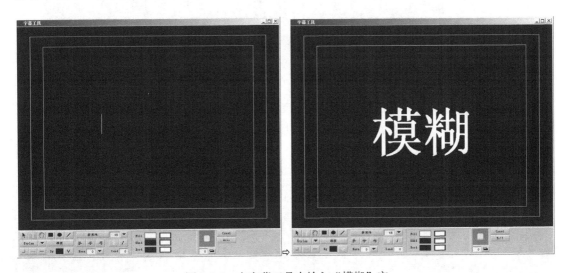

图 3-1-5 在字幕工具中输入"模糊"字

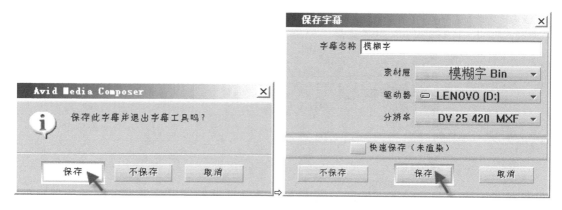

图 3-1-6 保存字幕

步骤 4：将保存在 Bin 窗口中的字幕文件拖动至时间线 V1 轨道起始位置，如图 3-1-7 所示。

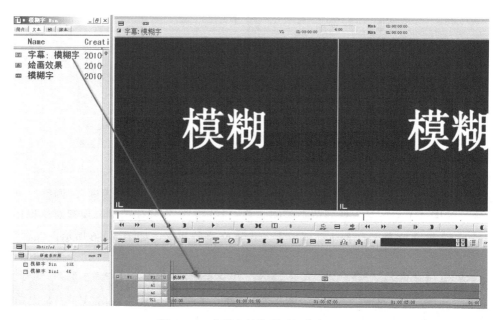

图 3-1-7 字幕文件拖到时间线窗口

步骤 5：单击特效编辑器按钮 打开特技编辑器，如图 3-1-8 所示。弹开的字幕"特技编辑器"对话框如图 3-1-9 所示。双击时间线上的文字素材，效果如图 3-1-10 所示。

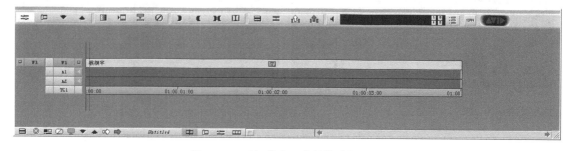

图 3-1-8 时间线窗口中特技编辑按钮

图 3-1-9 "特技编辑器"对话框

图 3-1-10 双击打开模糊字子层

经验谈

因为字幕本身就是一种特效,所以特效不能直接加载到时间线上的文字层中。如果不先打开特效编辑器,双击文字子层,文字层就不会展开各层。

步骤 6:添加效果。双击打开文字子层后,选择"图像"特效中的"绘画效果"特技,然后拖动"绘画效果"至文字子层 1.2 上,如图 3-1-11 所示,完成绘画效果的添加。

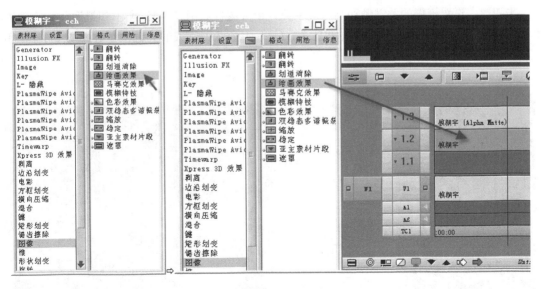

图 3-1-11 添加绘画效果到模糊字子层

步骤 7:将绘画效果的特技编辑器里的模式参数改为模糊"Blur",同时在特效编辑器中选择矩形工具,在合成窗口中绘制一个可以遮住字的矩形(矩形尽量大,效果更真实),如图 3-1-12 所示。

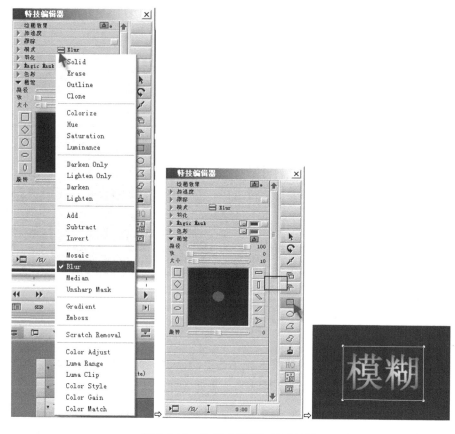

图 3-1-12　选择"模糊"模式效果

步骤 8：设置模糊的关键帧动画。选中第一个关键帧如图 3-1-13 所示和最后一个关键帧如图 3-1-14 所示。第一个关键帧参数如图 3-1-15（a）所示，结束的关键帧参数如图 3-1-15（b）所示。

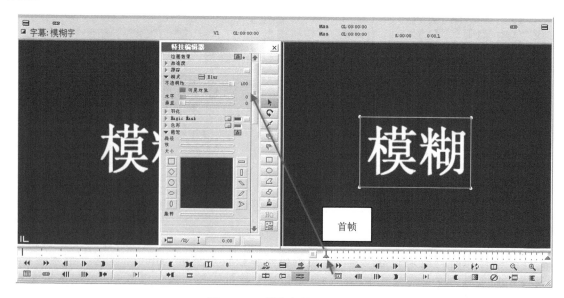

图 3-1-13　模糊字的首帧界面

第 3 章　Avid 专项实例

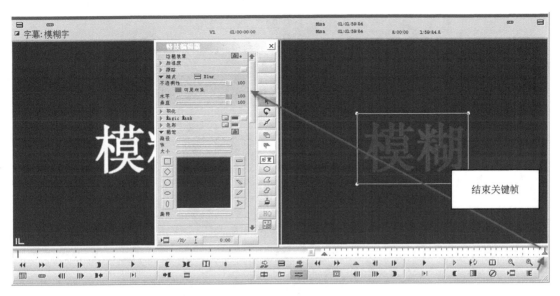

图 3-1-14　"模糊字"结束关键帧界面

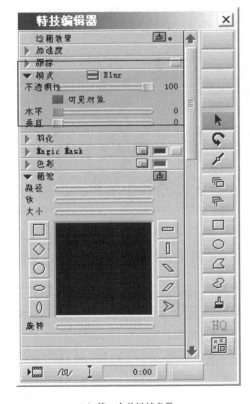

（a）第一个关键帧参数　　　　　　　　　　（b）结束帧关键帧参数

图 3-1-15　首、尾关键帧参数

步骤 9：保存特技设置。单击特效编辑器中的特效图标按钮 ■，直接拖动到 Bin 窗口中，保存特技，如图 3-1-16 所示。

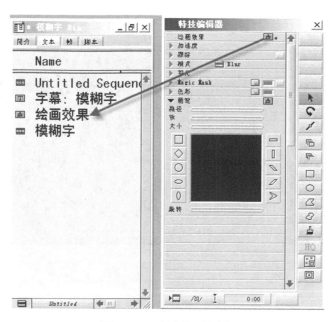

图 3-1-16　保存绘画效果

步骤 10：然后将刚保存好的特效直接拖放至文字子层 1.3 上，如图 3-1-17 所示。

图 3-1-17　给层 1.3 添加保存好绘画效果

步骤 11：渲染特效。单击时间线的 渲染特效按钮，渲染特效，如图 3-1-18 所示。

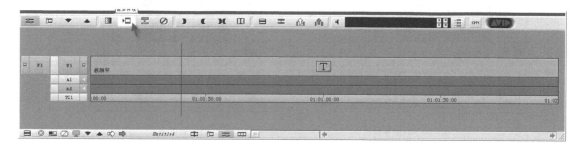

图 3-1-18　时间线渲染特效按钮

步骤 12：预览模糊字效果，选中模糊字序列，选择"文件"菜单中的"导出"命令，将模糊字导出到指定目录下，并重命名，如图 3-1-19 所示。

第 3 章 Avid 专项实例

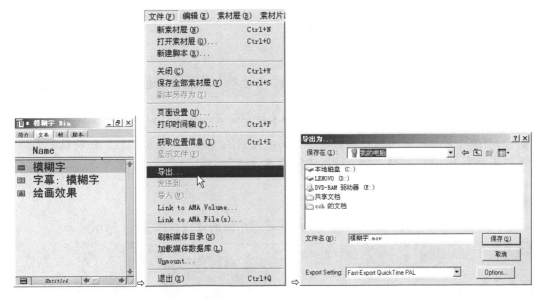

图 3-1-19 导出"模糊字"

到此，如图 3-1-1 所示模糊字效果制作完毕，打开文件浏览效果。

经验谈

如果打开素材中的字幕显示离线文件 Media offline，选中离线的字幕文件，然后选择"素材片段"菜单中的"创建未渲染的字幕媒体（R）…"命令，如图 3-1-20 所示。

图 3-1-20 "创建未渲染的字幕媒体（R）…"命令

089

项目 3-2——制作遮罩动画

"遮罩",顾名思义就是遮挡住后面的对象,"遮罩"是通过"遮罩层"来达到有选择地显示位于其下方的"被遮罩层"中的内容。

"遮罩"主要有两种用途,一种是用在整个场景或一个特定区域,使场景外的对象或特定区域外的对象不可见,另一种是用来遮罩住某一元素的一部分,从而实现一些特殊的效果。

【技术要点】:通过调整"键"特效中的"遮罩键"来实现遮罩动画效果。

【项目路径】:素材\chap03\遮罩动画。

【实例赏析】

打开素材中的文件观看遮罩动画的效果。遮罩动画的效果如图 3-3-1 所示。

(a) 背景　　　　　(b) 前景　　　　　(c) 遮罩层　　　　　(d) 最终效果

图 3-3-1　遮罩效果

【制作步骤】

步骤 1:新建项目,项目名称为遮罩动画,格式为 25i PAL。

步骤 2:选择导入三个素材,一个做背景,一个做前景,另一个黑白画面用来做黑白图形遮罩,如图 3-3-2 所示。背景放在 V1 轨上,前景放在 V2 轨上,黑白遮罩放在 V3 轨上,如图 3-3-3 所示。

背景　　　　　　　　　前景　　　　　　　　黑白图形遮罩

图 3-3-2　素材

图 3-3-3　素材在时间线布局

步骤 3：添加效果。选择"键"特效里的"遮罩键"，直接将遮罩键特效拖动至 V3 视轨上。操作和添加效果如图 3-3-4 所示，添加效果后如图 3-3-5 所示。

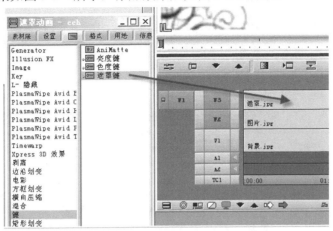

图 3-3-4　给遮罩层添加"遮罩键"特效

图 3-3-5　添加"遮罩键"后时间线窗口

步骤 4：调整参数。遮罩键特效默认参数，如图 3-3-6（a）所示。选择"交换源"选项后，如图 3-3-6（b）所示。

（a）默认参数　　　　　　　　　　（b）修改后参数

图 3-3-6　勾选"交换源"前后特技编辑器界面

步骤 5：设置遮罩层的运动，添加画中画特效。在时间线窗口中利用片段提取按钮 ，双击遮罩层，双击前后的效果如图 3-3-7 所示。

图 3-3-7　双击打开"遮罩层"

步骤 6：选中混合特效中的画中画效果，将画中画特效，添加到打开的遮罩层 1.3 中，如图 3-3-8 所示。

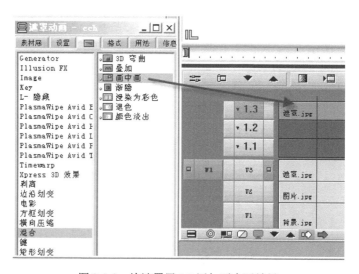

图 3-3-8　给遮罩层 1.3 添加画中画效果

步骤 7：画中画效果的关键帧调整。打开特效编辑器，选中画中画第一个关键帧，如图 3-3-9 所示。选中画中画特效的结束关键帧，如图 3-3-10 所示。第一个关键帧的参数如图 3-3-11（a）所示，结束帧参数如图 3-3-11（b）所示。

第 3 章 Avid 专项实例

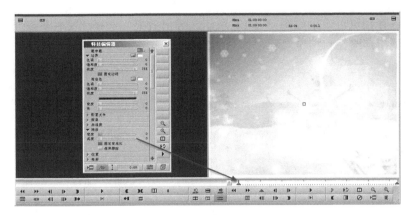

图 3-3-9　画中画特技首帧界面

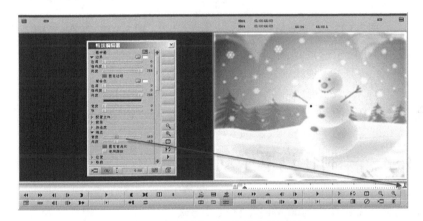

图 3-3-10　画中画特技结束帧界面

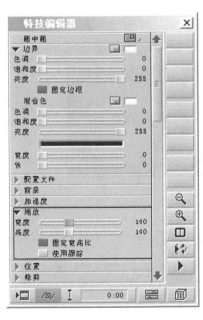

（a）画中画第一帧参数　　　　　　　　　　　　（b）画中画结束参数

图 3-3-11　画中画特效首、尾帧参数

步骤 8：保存预览，效果如图 3-3-12 所示。导出效果，选择"文件"菜单中"导出"命令，输出项目到指定路径和指定名称，如图 3-3-13 所示。

图 3-3-12　遮罩效果　　　　　　　　　图 3-3-13　文件"导出"命令

到此，如图 3-3-1 所示遮罩动画制作完毕，打开文件浏览效果。

经验谈

视频轨道混合操作起来较复杂，也可以通过打开文字子层来实现遮罩效果。

项目 3-3——制作遮罩字动画

遮罩字，就是将文字作为遮罩层，将背景透出来。
【技术要点】：通过调整"键"特效中的"遮罩键"来制作遮罩字效果。
【项目路径】：素材\chap03\遮罩字。
【实例赏析】

打开素材文件，浏览遮罩字动画的效果，遮罩字动画的效果如图 3-3-1 所示。

图 3-3-1　遮罩字效果

【制作步骤】

步骤 1：新建项目，项目名称为遮罩字，格式为 25i PAL。

步骤 2：导入素材，将背景素材添加到时间线的 V1 轨道上。在 Bin 窗口中，单击鼠标右键，在弹出的快捷菜单中选择"导入"命令，如图 3-3-2 所示，导入背景素材，如图 3-3-3 所示。

提示

每个项目中所应用到的素材，都在指定文件夹中。例如，本实例中的素材都在素材\chap03\

遮罩字\素材文件夹下。

图 3-3-2 "导入"命令

图 3-3-3 背景素材

步骤 3：打开字幕工具。使用简单字幕，如图 3-3-4 所示，单击"字幕工具"按钮后打开窗口界面如图 3-3-5 所示。

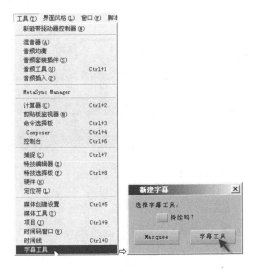

图 3-3-4 新建字幕界面

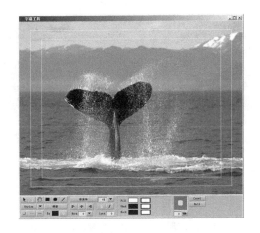

图 3-3-5 "字幕工具"窗口

步骤 4：输入"遮罩字"，字号为"200"，字体为"华文琥珀"，如图 3-3-6 所示。

图 3-3-6 输入"遮罩字"效果

步骤 5：关闭字幕工具窗口，保存字幕文件，将刚制作好的遮罩文字添加到时间线 V1 轨上，如图 3-3-7 所示。

图 3-3-7　"遮罩字"添加到时间线

步骤 6：单击片段选择工具（快捷键 T 键），时间线上的按钮位置如图 3-3-8 所示。选中文字层所在的区域，做视频轨道混合。选择"特殊"菜单中"视频轨道混合"命令，如图 3-3-9 所示。在弹出的对话框中，选择所使用的素材匣和目标驱动器，然后单击"确定"按钮如图 3-3-10 所示。

图 3-3-8　时间线片段选择按钮

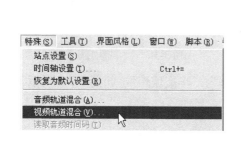

图 3-3-9　"视频轨道混合"命令

图 3-3-10　"视频轨道混合"对话框

步骤 7：将背景拖放到 V1 轨道上，将生成的视频轨道混合添加到 V2 轨上，如图 3-3-11 所示。

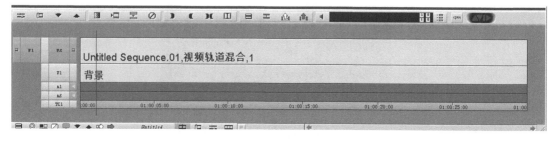

图 3-3-11　时间线界面

步骤 8：为 V2 视频轨道混合的遮罩字添加特效，选择"键"特效中的"遮罩键"特效，如图 3-3-12 所示。添加特效后的效果如图 3-3-13 所示。

图 3-3-12　遮罩键特效　　　　　　　　图 3-3-13　添加"遮罩键"后效果

步骤 9：打开特效编辑器按钮，弹出特效编辑器对话框，如图 3-3-14（a）所示。选择"交换源"选项后，如图 3-3-14（b）所示。然后预览效果，如图 3-3-15 所示。

（a）遮罩键参数调整前　　　　　　　　（b）遮罩键参数调整后

图 3-3-14　勾选"交换源"前后特效编辑器对话框

图 3-3-15　遮罩字效果

步骤10：保存项目。

至此，遮罩字效果制作完成。

项目3-4——制作手写字动画

在电视节目的片头或广告中表现毛笔字书写过程的动画，是应用较多的一种手法，俗称手写字效果。书法在书写过程中，生动地传达了传统文化的视觉感受。

【技术要点】：本实例采用"图像"→"绘画效果"功能描绘字迹产生动画，用调整关键帧来完成书写过程的动画。

【项目路径】：素材\chap03\手写字。

【实例赏析】

打开素材中手写字文件，浏览手写字动画，其效果如图3-4-1所示。

图3-4-1　手写字效果

【制作步骤】

下面我以制作"绿"字为例，来讲解手写字效果。

步骤1：新建项目，项目名称为手写字，格式为25i PAL。

步骤2：打开字幕工具如图3-4-2所示，创建字幕如图3-4-3所示的"绿"字。保存"绿"字在Bin窗口屉中。

图3-4-2　"新建字幕"对话框

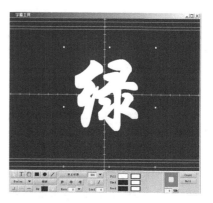

图3-4-3　输入"绿"字

步骤 3：将保存在 Bin 窗口中的"绿"字直接拖放至时间线 V1 轨道上，如图 3-4-4 所示。

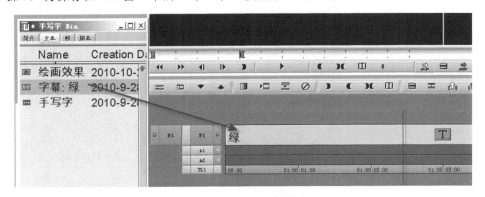

图 3-4-4　字幕"绿"添加到时间线 V1 轨道上

步骤 4：打开特效编辑器按钮，双击文字层，出现文字子层，如图 3-4-5 所示。

图 3-4-5　双击"绿"层展开文字子层

步骤 5：在绿字的子层 1.2 上添加图像特效中的绘画效果，如图 3-4-6 所示。

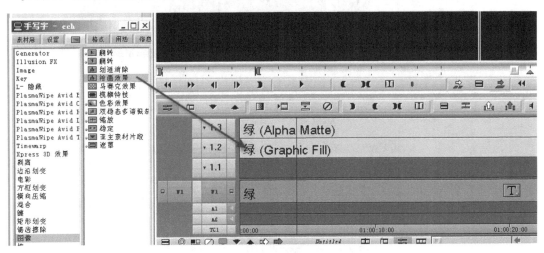

图 3-4-6　为绿 1.2 层添加绘画效果

步骤 6：调整参数。单击特技编辑器按钮，选择"笔刷"工具，并且调整笔刷的参数，如图 3-4-7 所示。

图 3-4-7 绘画效果特技编辑器

步骤 7：在监视器窗口中，用笔刷按照笔顺，写出"绿"字。以绿字为例，每次断开笔的位置作为一笔，和平时所写汉字笔画是不太一致的，写完的效果如图 3-4-8 所示。

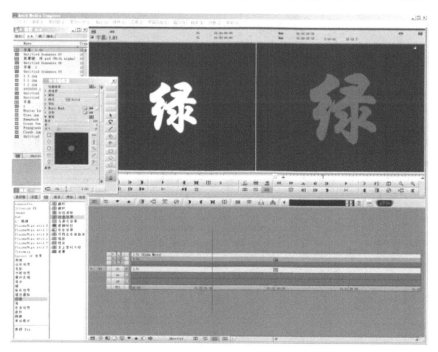

图 3-4-8 用绘画效果书写"绿"字后效果

步骤 8：设置动画效果。用选择工具加"Shift"键，全选中所有笔画，如图 3-4-9（a）所示。将所有笔画的第一帧，绘画特效中的路径参数设置为 0，参数设置如图 3-4-10 所示，效果如图 3-4-9（b）所示。

（a）全选各个笔顺　　　　　　　　（b）路径参数为 0

图 3-4-9　全选绿字各个笔划

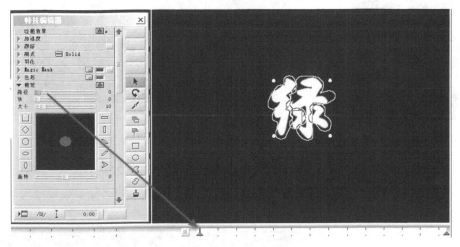

图 3-4-10　0 帧处画笔全部笔画路径参数为 0

经验谈

所有画笔的路径关键帧，第一帧参数都设置为 0，表示所有笔画现在都没有开始书写。

步骤 9：设置书写动画，设置每隔 15 帧，书写一笔。

单击选中第 1 笔，如图 3-4-11 所示，在第 15 帧处单击添加关键帧按钮 ▲ ，路径参数设置为 100，效果如下图 3-4-12 所示。

步骤 10：继续为后面的笔画设置动画。

 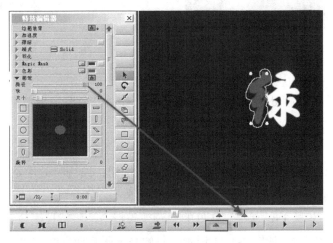

图 3-4-11　0 帧第 1 笔效果　　　　　　图 3-4-12　15 帧处绿字第 1 笔路径参数 100

单击选中第 2 笔，如图 3-4-13 所示，在第 15 帧处添加关键帧：路径参数设置为 0。在第 30 帧处添加关键帧 ▲，路径参数设置为 100，效果如图 3-4-14 所示。

图 3-4-13 选中第 2 笔

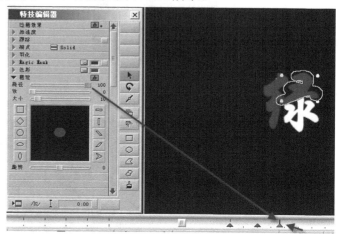

图 3-4-14 30 帧处绿字第 2 笔路经参数为 100

步骤 11：单击选中第 3 笔，如图 3-4-15 所示，在第 30 帧处单击添加关键帧、路径参数设置为 0，在第 45 帧处单击添加关键帧按钮 ▲，绘画效果中的路径参数设置为 100，效果如图 3-4-16 所示。

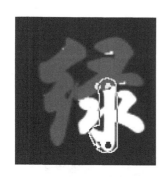

图 3-4-15 选中第 3 笔

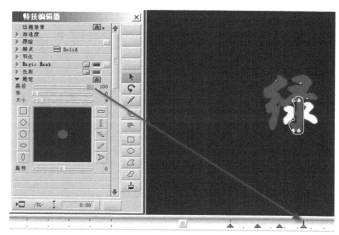

图 3-4-16 45 帧处，绿字第 3 笔路径参数为 100

步骤 12：单击选中第 4 笔，如图 3-4-17 所示，在第 45 帧处绿字第 3 笔路径参数为 100，在第 60 帧处添加关键帧按钮 ▲，绘画特效路径参数设置为 100，单击添加关键帧、路径参数设置为 0，效果如图 3-4-18 所示。

步骤 13：单击选中第 5 笔，如图 3-4-19 所示，在第 60 帧处单击添加关键帧路径参数设置为 0，在第 75 帧处添加关键帧 ▲ 按钮，绘画特效中路径参数设置为 100，效果如图 3-4-20 所示。

步骤 14：保存制作好的绘画效果特效。将特技编辑器中的特效图标，拖动到 Bin 窗口中保存特效，如图 3-4-21 所示，目的是便于后面继续应用，制作好的绘画效果。

第 3 章 Avid 专项实例

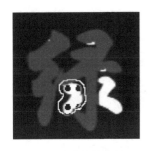 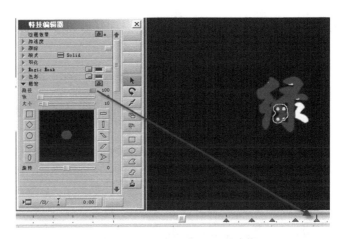

图 3-4-17 选中第 4 笔　　　　　图 3-4-18 60 帧处绿字第 4 笔路径参数为 100

 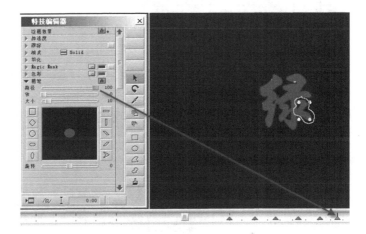

图 3-4-19 选中第 5 笔　　　　　图 3-4-20 75 帧处绿字第 5 笔路径参数为 100

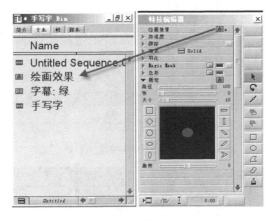

图 3-4-21 保存制作好的绘画效果

 经验谈

　　此时书写动画效果完成了，但是文字后面有个白底，为了美观，我们需要继续添加遮罩键特效去除白底。

103

步骤15：单击特效编辑器按钮 ，打开特效编辑器，再次双击绿层1.2字，前后效果如图3-4-22所示。

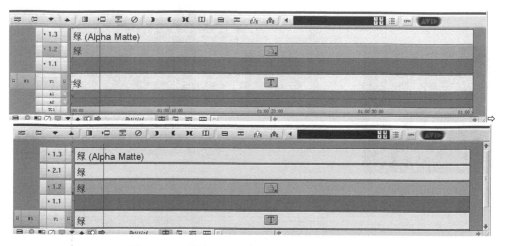

图3-4-22 再次双层绿字层1.2前后时间线效果

步骤16：将键特效中的遮罩键特效添加到层2.1上，参数无须更改。操作的过程如图3-4-23所示。操作前后的效果如图3-4-24所示。

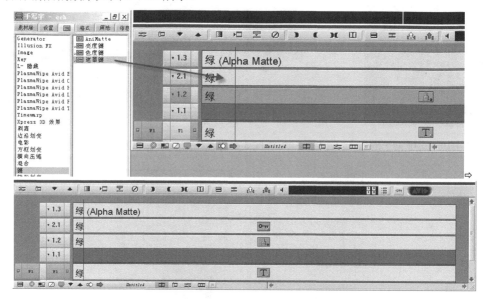

图3-4-23 将遮罩键特技添加到绿层2.1

图3-4-24 添加遮罩键特技前后效果

步骤 17：保存项目，预览效果。

至此手写字动画就制作完成了。

 经验谈

手写字制作方法很多软件都有简单方法，这里只是进行一个绘画效果的延伸。书写速度的快慢和准确程度都可自行调节。

项目 3-5——制作变速、静帧特效

在进行影片的后期处理时，常常需要对素材进行变速处理。变速处理一般包括快动作、慢动作、倒放、静帧等操作。

（1）慢动作可以延长动作的持续时间，使银幕主体的变化过程缓慢下来，使动作得到强调，常见的体育比赛，用慢动作来回放运动员的某些动作，如破门、犯规等，故事片中的慢动作可以增强动作的视觉冲击力，强化画面在观众心中的印象，使观众更多地体验、回味作品。慢动作也可用来表达梦幻、神秘的气氛，常见于一些回忆、想象的片段。

（2）快动作使动作节奏人为地变快，压缩了实际运动速度，常见于一些风光片，草木快速生长、风起云涌、日升日落等，压缩了动作的实际时间，加快影片节奏。快动作还可以用来渲染气氛，给观众一种紧张的感觉；另外制作喜剧效果也常用到快动作。

（3）静帧具有画面意义强调性和瞬间静止的视觉冲击性。因此，在强化画面意义、制作悬念、表达主观感受、强调视觉冲击效果等场合中，经常被使用。用静帧可以表现现实生活中无法实现的时间的停顿和静止，如好友重逢。

（4）静帧画面还可以弥补由于镜头表现不足而造成后期剪辑困难。利用静帧转换镜头动静效果既可以延长镜头长度，突出画面内容或者增加画面内的信息叙述事件，有时也是和谐连接镜头的一种手段。

【技术要点】：本实例采用"Timewarp"特效中的"Timewarp"特效，来调整加速减速和静帧效果。

【项目路径】：素材\chap03\变速静帧。

下面来学习一下如何在 Avid Media Composer 中实现静帧与变速的制作。

【制作步骤】

步骤 1：新建项目。项目名称为变速静帧，格式为 25i PAL。

步骤 2：首先选取一段需要变速的视频素材，如图 3-5-1 所示。添加到时间线上，在特效中选 Timewarp 中的 Timewarp，如图 3-5-2 所示。并将特效拖放到时间线的素材上。

步骤 3：单击快捷菜单 ▤ ，选择动画特效按钮 ▧ 。（或者选择时间线窗口的特效编辑器按钮 ▧ 也可），如图 3-5-3 所示。

步骤 4：进入"动画特技编辑器"对话框，单击跑动着的小人图标按钮，如图 3-5-4 所示。

步骤 5：拖动上面粉色的关键帧，向上移动是加速，如图 3-5-5 所示，向下是减速，如图 3-5-6 所示。

图 3-5-1 制作变速素材

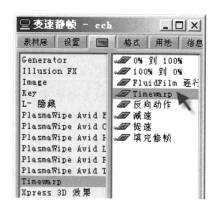

图 3-5-2 Timewarp 特技

图 3-5-3 快捷菜单中动画特技

图 3-5-4 "动画特技编辑器"对话框

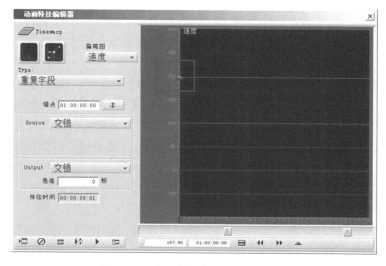

图 3-5-5 动画特技编辑器速度 197.9

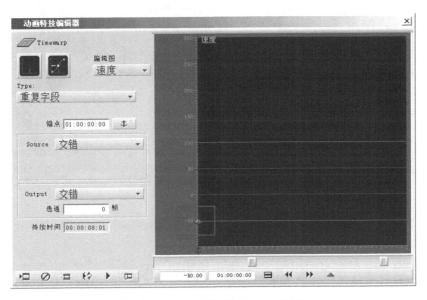

图 3-5-6 动画特技编辑器，速度-50

经验谈

动态素材的速度值大于 100，是加速运动，速度值小于 100 是减速运动。

步骤 6：我们要让运动员先快速滑下之后再慢慢停下，那么在这里关键帧的设置如图 3-5-7 所示。

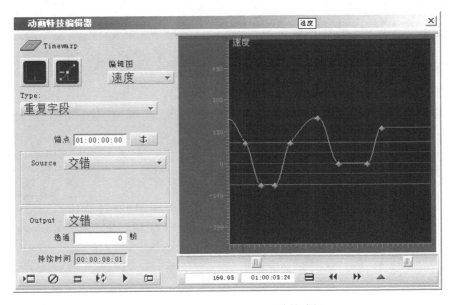

图 3-5-7 "变速、静帧"动画特技编辑器

步骤 7：定格（定格也称静帧）。定格需要在监视器窗口中选择预定格的画面，当在监视器窗口中找到需要制作静帧的场景，要单击匹配帧按钮 ▦，在素材窗口中找到定格的画面，如图 3-5-8 所示。

数字影音编辑与合成（Avid Media Composer）（第2版）

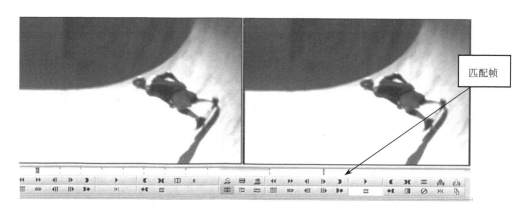

图 3-5-8　匹配帧按钮

经验谈

如何添加匹配帧按钮到监视器窗口的按钮中？步骤是按住"Ctrl+3"组合键，打开命令选择面板，将其中匹配帧 ▦ 拖动到你需要放置，便于以后使用。操作前后的画面如图 3-5-9 所示。

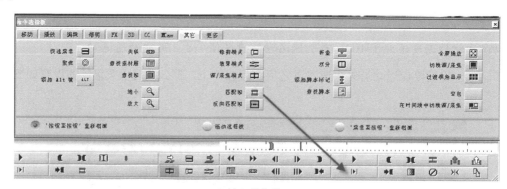

（a）操作前

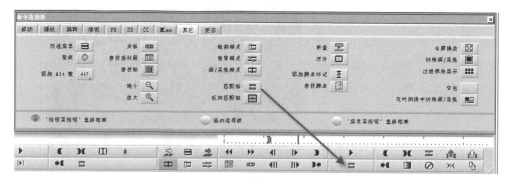

（b）操作后

图 3-5-9　工具栏上添加匹配帧按钮

步骤8：单击源窗口，然后单击菜单中素材片段中的定格命令，选择你所需要的定格的时间，如图 3-5-10 所示。此时即在当前 Bin 中生成一个定格画面，根据需要应用到剪辑中即可。

108

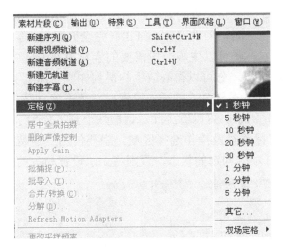

图 3-5-10 "定格"命令

步骤 9：预览效果，保存项目。

到此，如图 3-5-0 所示变速动画制作完毕，打开文件浏览效果。

经验谈

静帧是一种主观化的人工技巧，用得不当会有造作感，应用静帧要谨慎。

【知识链接】

当需要烘托某个特定的环境场景或气氛时，你可能要运用到它。步骤如下。

（1）选好你要改变速度的那个素材片段，再单击动态效果按钮，就会出现如图 3-5-11 所示的界面。

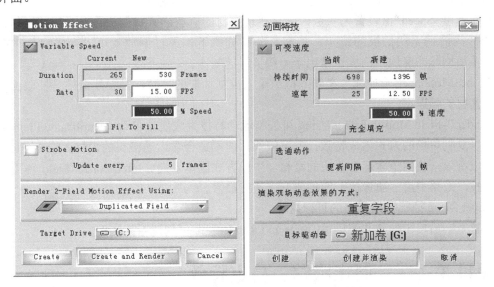

图 3-5-11 动画特技"Motion Effect"对话框

Fit to Fill（完全匹配）意思是将一定长度的源素材以另一段素材的长度来播放。改变源素材的长度，相应的也改变了它的速度。源素材长，速度快；源素材短，速度慢。

（2）在时间线窗口里以出入点来选定一定长度的素材，再在素材窗口里以出入点来选定

图 3-5-12　运动效果按钮

一定长度的素材，单击如图 3-5-12 所示的按钮进入运动效果界面，勾选 Fit to Fill（完全匹配），再单击创建或创建并生成，就可以生成一段需要的素材放在 Bin 中。

（3）通过这个窗口的设置，你可以得心应手的得到你要的速度了。

在 Avid 的素材屉中双击素材名，打开一段素材，单击运动特技按钮，就会弹出运动特技对话框，如图 3-5-13 所示。可以看到此对话框从上到下分为了四个区域，分别为变速特技、抽帧、参数选项、目标路径及操作选择区域。想要使用变速特技前提必须保证最上面的可变速度 Variable Speed 选项为勾选的状态，否则将无法设置相关的特效参数。

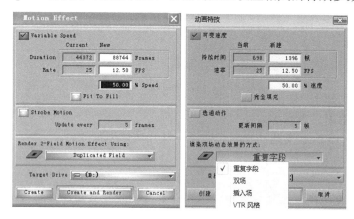

图 3-5-13　"Motion Effect"动画特技对话框

此特技共提供了 3 种方式来改变动作的快慢，它们分别为重新设置素材持续时间、改变素材帧速率、改变素材播放速度。这 3 种方式的改变是同步的，若将素材的持续时间设置为原来的两倍，则帧速率将对应变为原来的一半，播放速度也将变为 50%。

若将速度 Speed 值设置为负数，则将实现素材的倒放。素材倒放也是常用的操作，它可以完成一些前期无法拍摄的镜头，如演员从高处跳下，经过倒放就可以变成演员飞向了高处，少了吊钢丝的麻烦，倒放也常用于一些笑料的制作。

Strobe Motion 用于抽帧，在输入框中可以控制抽取的帧数，需要注意的是抽取的帧数不能大于素材的帧速率。

Render 3-Field Motion Effect Using 可控制运动特技生成质量参数。Duplicated Field 为默认选项，以复制单场的方式生成特效，速度较快，但不适合含运动镜头的素材。Both Field 使用双场生成特效，使用于含运动镜头的素材，生成方式比单场慢。Interpolated Field 使用内插常生成特技，效果平滑，质量比前两种要好，速度最慢。

Target Drive 控制特技存储的目标盘。

设置完毕后单击创建并渲染"Create and Render"即可创建新的文件。

项目 3-6——制作跟踪、稳定特效

画面稳定功能可以将摇晃的画面处理成稳定清晰的画面。其处理过程为：先选择画面上的一个特征区域（也叫跟踪点），将计算机计算出来的这些数据按反方向移动原画面，就可以抵消原来镜头的运动，使特征区域在画面的位置保持在原来位置上，就好像摄像机是固定的一样，这就是画面稳定。

【技术要点】：通过"混合"特效中的"3D 弯曲"添加跟踪点，设定四点跟踪，来实现跟踪的目的。

【项目路径】：素材\chap03\跟踪稳定。

【实例赏析截图】

打开素材文件，观看跟踪稳定效果。跟踪效果如图 3-6-1 所示。

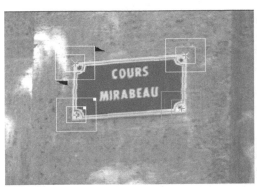 

图 3-6-1 跟踪前后效果

【制作步骤】

步骤 1：新建项目。项目名称为跟踪稳定。格式为 25i PAL。

步骤 2：将要跟踪的素材拖动到时间线 V1 视轨上。

步骤 3：给要替换的素材放到 V2 视轨上，添加 3D 弯曲特效，如图 3-6-2 所示。

步骤 4：打开特效编辑器，调整 V2 轨道素材的缩放，大小适中后，选择跟踪点，如图 3-6-3 所示。

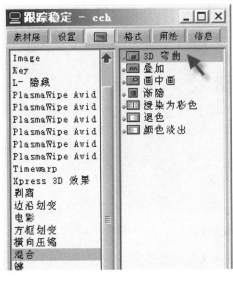 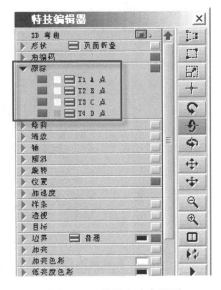

图 3-6-2 3D 弯曲特技　　　　　　　　　图 3-6-3 设置跟踪点界面

步骤 5：添加四个跟踪点，进行四点跟踪，如图 3-6-4 所示。

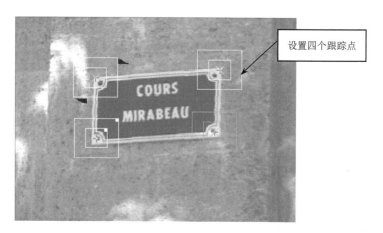

图 3-6-4 设置四个跟踪点

步骤 6：启动跟踪按钮，单击"开始跟踪"按钮，如图 3-6-5 所示。

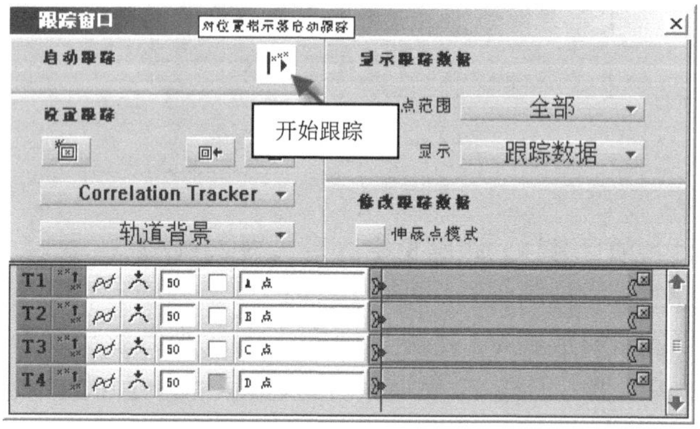

图 3-6-5 跟踪窗口

步骤 7：预览跟踪效果，保存项目，如图 3-6-6 所示。

图 3-6-6 跟踪后效果

到此，如图 3-6-1 所示跟踪动画制作完毕，打开文件浏览效果。

 经验谈

跟踪特效对素材要求很高，比如素材的清晰度和跟踪点的位置等都有严格要求，也就是说不是所有素材都能准确跟踪或者跟踪成功。

【知识链接】

跟踪技术也称为追踪技术,它的原理就是选择要跟踪的画面。定义图像的特征区域,由计算机软件自动分析图像中的特征区域随着实际变化而发生的位移、旋转、缩放甚至摄像机的运新路径的数值变化。取得这些数据信息后,把它赋予另外的图像元素,使其按照这些不断变化的数据信息进行同步运动。

一点跟踪:此类跟踪方法是针对图像中的某个特定的"点",使计算机跟踪出其位移数据,多用于给跟踪点施加光效,或者添加简单的以点为中心的位移特效或图像。如图 3-6-7 所示就是一点跟踪。

图 3-6-7　一点跟踪

多点定位跟踪:这类跟踪以源素材的多个跟踪点来约束目标图形的多个角点,并依据追踪计算机所追踪目标的位移、旋转、缩放信息的数值变化,进行自动匹配。比如《星球大战》中的"激光剑"或者演播室的电视屏幕等,多点跟踪不但可以体现出跟踪物体的位移变化,还可以体现出透视与旋转等信息变化。是现在较为常用的一种跟踪方式。如图 3-6-8 所示就是多点跟踪前后的效果。如图 3-6-9 所示就是多点跟踪,只跟踪一个跟踪点前后的效果。如图 3-6-10 所示就是多点跟踪,换车牌前后的效果。

图 3-6-8　多点跟踪实例

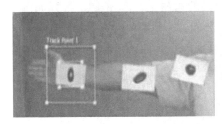 

图 3-6-9　一点跟踪前后效果

图 3-6-10　四点跟踪前后效果

项目3-7——制作闪白效果

常见的"闪白"可以模拟照相机的拍摄效果。既有掩盖镜头剪辑接点的作用,又可以增强视觉跳动感,所以常见于加强动感效果的快节奏剪辑中。

影视剪辑中常用的手法有硬切、渐隐和特效等,而闪白作为最常用的特效手法之一,为制作人员所常用。"闪白"也称"白闪",是电视拍摄用语,是画面切换过程中场景出现空白。强烈闪光、打雷、大脑中思维片段的闪回等效果,它是一种强烈刺激,能够产生速度感,并且能够把毫不关联的画面接起来而不会太让人感到突兀,尤其适合节奏强烈的片子。

【技术要点】:通过改变快速转场中的浸染为彩色中的颜色,改变其中的背景颜色制作闪白效果。

【项目路径】:素材\chap03\闪白。

【实例赏析】

打开素材文件,观看闪白效果。闪白效果如图3-7-1所示。

图3-7-1 闪白效果

【制作步骤】

步骤1:新建项目,项目名称为闪白,格式为25i PAL。

步骤2:在需要进行制作闪白、闪黑转场效果的素材上,单击,打开如图3-7-2所示的"快速过渡"对话框。

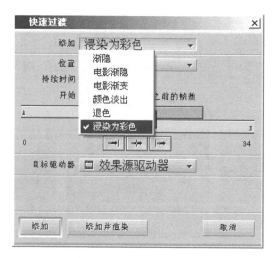

图3-7-2 "快速过渡"对话框

步骤 3：单击"添加"按钮，选择默认效果。渲染之后就是闪黑（默认颜色为黑色），如图 3-7-3 所示。可以打开特效编辑器，更改颜色为白色，则是闪白，如图 3-7-4 所示。

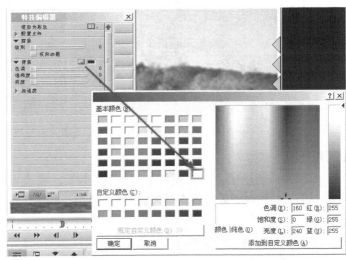

图 3-7-3 "浸染为彩色"特技编辑器对话框　　　图 3-7-4 改变背景颜色为白色

步骤 4：预览效果，保存项目。

至此，闪白效果就制作完成。

经验谈

浸染为彩色（Dip to Color）类似于淡出淡入的速度加快后的效果。淡出淡入的过渡色只能是黑色，而闪的过渡色可以选择各种颜色。通常所说的"闪白"、"闪黑"、"闪紫"、"闪红"等就是不同颜色的闪的效果。

项目 3-8——制作马赛克效果

一种图像（视频）处理手段，使其局部模糊，因为这种模糊看上去由一个个的小格子组成，便形象地称这种画面为马赛克。马赛克常用于遮挡重要部位。对人物做技术处理时，最常见的一种方法就是将脸部打上马赛克。

首先确定区域，然后将此区域划分成一个个的小方格，取每个方格颜色的平均值作为这个方格的颜色。这犹如将各种颜色混在了一起，是不可能再将各种颜色分别去出来的。

【技术要点】：通过"图像"特效中的"马赛克效果"，启用一点跟踪效果，制作跟随人物运动的马赛克效果。

【项目路径】：素材\chap03\马赛克。

【实例赏析】

打开素材文件，观看马赛克效果。马赛克效果如图 3-8-1 所示。

图 3-8-1　马赛克前后效果

【制作步骤】

步骤 1：新建项目，项目名称为马赛克效果，格式为 25i PAL。

步骤 2：选择一段视频素材拖放到 V1 轨道，在特效中选择图像中的马赛克效果，如图 3-8-2 所示。

步骤 3：打开特技编辑器，在监视器窗口上用圆形工具绘制要打马赛克的区域，之后单击"跟踪"下拉列表框，如图 3-8-3 所示。添加跟踪点。

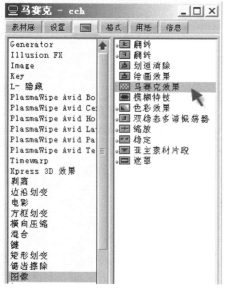

图 3-8-2　"马赛克"效果特技　　　　图 3-8-3　马赛克效果中跟踪设置

经验谈

跟踪点，要选择颜色比较鲜明，或者和周围环境颜色差异比较大的。区域不要过大，也不要过小，适中就好。

步骤 4：标记好跟踪点之后，启动跟踪按钮，开始跟踪，如图 3-8-4 所示。

步骤 5：跟踪之后，被跟踪的地方一直打着马赛克，效果如图 3-8-5 所示。

图 3-8-4　跟踪窗口　　　　　　　　　　图 3-8-5　马赛克效果

步骤 6：保存项目。

至此，马赛克效果就制作完成。

项目 3-9——制作抠像效果

本实例学习使用"Key"→"SpectraMatte"对素材进行抠像，将位于蓝屏或绿屏前面的人和物提取出来，去掉背景的蓝色或绿色，然后将人和物叠加在其他场景上。

【技术要点】：通过"Key"特效中的"SpectraMatte"进行颜色抠除，将背景透出来。

【项目路径】：素材\chap03\抠像。

【实例赏析】

打开素材文件，观看抠像前后的效果。抠像效果如图 3-9-1 所示。

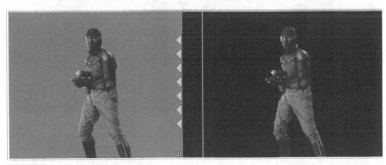

图 3-9-1　抠像前后效果

【制作步骤】

抠像一般为抠蓝和抠绿效果。根据实际素材颜色，进行抠除。

步骤 1：新建项目，项目名称为抠像，格式为 25i PAL。

步骤 2：导入素材，素材如图 3-9-2 所示。

图 3-9-2　抠蓝、抠绿素材

步骤 3：新建序列，将蓝屏的素材加入时间线 V1 视轨上，如图 3-9-3 所示。

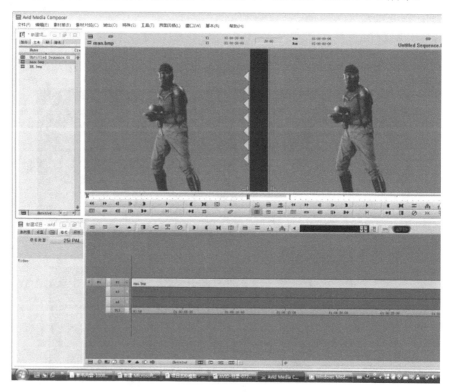

图 3-9-3　抠蓝素材添加到时间线

步骤 4：添加特效"Key"→"SpectraMatte"至素材上，如图 3-9-4 所示。

步骤 5：调整参数。调整的参数和效果如图 3-9-5 所示。

步骤 6：将抠绿素材加入时间线 V1 视轨上。同样添加特效"Key"→"SpectraMatte"特效，如图 3-9-6 所示。原图，如图 3-9-7 所示。

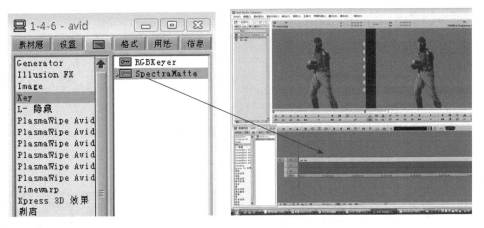

图 3-9-4　抠蓝素材添加 SpectraMatte 特技

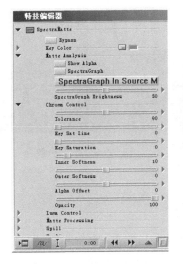

图 3-9-5　SpectraMatte

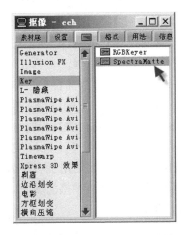

图 3-9-6　SpectraMatte 特技　　　　图 3-9-7　抠绿素材

步骤 7：将其中的 Chroma Control 值设置为 180，如图 3-9-8 所示。

步骤 8：微调参数，预览效果，如图 3-9-9 所示保存项目。

至此抠像项目完成了。

图 3-9-8　SpectraMatle 抠绿特效参数　　　　　图 3-9-9　抠绿后效果

【知识链接】

抠像技术简述

随着影视数字特效技术的不断发展，通过计算机将实拍与动画画面合成。影像越来越超乎我们的想象，一次又一次冲击着观众的眼球，但是在画面合成手段发展的同时，也为影视制作人提出了种种难题，比如，如何解决在影片摄制生产过程中遇到的一些难度大、成本高，或危险性大和难以在实际生活中拍摄的镜头影像等拍摄问题，或者将拍摄的运动镜头与计算机生成的动画完美结合，以创造出更加真实与自然的画面。都成了摆在影视特效工作人员面前的一道难题。从而也催生出了影视抠像技术的发展与不断完善。

抠像是数字影视合成中很重要的步骤与手段，在当今视觉特效的镜头创作中，抠像技术已经成为应用最为广泛和频繁的技术之一，抠像也称为"键控"。它的出现主要是在电影发展的早期导演预想的很多画面效果，无法通过前期的拍摄直接完成。而且当时由于影视技术的局限，电影后期制作还没有进入到数字化的制作时代。为了将两个不同环境内容结合在一起，使观众相信那是在同一个环境下拍摄的，当时的电影工作者们使用了多种方法。

抠像场景的搭建一般如图 3-9-10 所示。电视剧《西游记》中蓝屏拍摄的现场，如图 3-9-11 所示。电影《蜘蛛侠》中绿屏拍摄的现场，如图 3-9-12 所示。

图 3-9-10　抠像拍摄现场

图 3-9-11　《西游记》蓝屏拍摄现场　　　图 3-9-12　《蜘蛛侠》绿屏拍摄现场

【其他抠像方式】

色键是利用图像信号中的色度分量来进行键控，即将图像中的某种颜色部分（色键背景）抠出来，并用另一图像代替。

键画面一般是人或物，背景为一深色高饱和度的单色幕布。人、物的颜色应与单色幕布不同或饱和度低。单色幕的颜色尽量与人的肤色有较大的差别。目前用得最多的是蓝色和绿色。

（1）在时间线上的 V1 轨和 V2 轨放置相应的素材，如图 3-9-13 所示。

（2）打开特技编辑面板，选取键类型中的色度键，用鼠标拖至前景素材段，如图 3-9-14 所示。

图 3-9-13　时间线上背景、前景关系　　　图 3-9-14　色度键特技

（3）单击时间线上的特技编辑器按钮，如图 3-9-15 所示，打开色度键特技编辑器窗口，如图 3-9-16 所示。

图 3-9-15　特技编辑器按钮

（4）选取前景图像的抠像颜色，录制窗口内显示合成后画面效果。

（5）调整色键特技编辑窗口中的 Gain 增益参数，可获得不同抠像色彩的范围，调整 Soft 软值用来控制抠像边缘的柔和程度，如图 3-9-17 所示。

图 3-9-16　"色度键"特技编辑器对话框

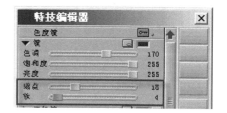

图 3-9-17　"色度键"特技编辑器

项目 3-10——制作校色效果

校色也俗称调色，调色总的来说可以分成两大类：一类全局调色或者说整体调色，另一类就是局部调色。所谓的全局调色就是对一段视频进行调节，比如提高画面的亮度、对比度、增加画面色彩的饱和度、调节色度使画面整体偏向某一色调等。

本实例就是将给定素材，调整的层次更加丰富更加符合影片需求。

【技术要点】：通过色彩校正来改变色彩效果，达到影片播出要求。

【项目路径】：素材\chap03\校色。

【实例赏析】

打开素材文件，观看校色效果。校色效果如图 3-10-1 所示。

　　　　原图　　　　　　　　　效果图

图 3-10-1　校色前后效果

【**制作步骤**】

步骤 1：新建项目，项目名称为校色。格式为 25i PAL。

步骤 2：导入需要调色的素材，拖放到 V1 视轨上。

步骤 3：打开色彩修正界面。在界面风格菜单中选择色彩修正界面命令，进入色彩修正界面，如图 3-10-2 所示。

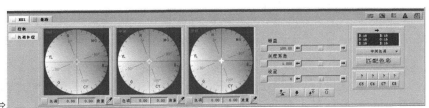

图 3-10-2　色彩修正界面

步骤 4：调整参数：将主增益调整为 116.98，如图 3-10-3 所示。

步骤 5：主饱和度调整为 113.58，如图 3-10-4 所示。

图 3-10-3　"主增益"参数　　　　　图 3-10-4　"主饱和度"参数

步骤 6：校色后的效果如图 3-10-5 所示。

图 3-10-5　校色后效果

步骤 7：可以精细调整参数。如调整色度、饱和度、色彩增益-蓝色、绿色、红色。参数设置如图 3-10-6 所示。

步骤 8：根据需要进行校色，预览效果，保存项目。

步骤 9：除了对人物校色，现在校色大量应用到大场景中。如图 3-10-7 所示的校色效果图。

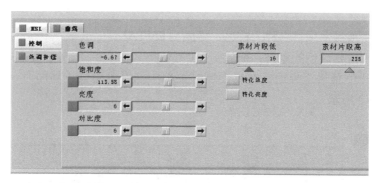

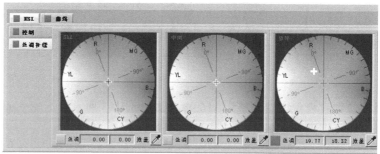

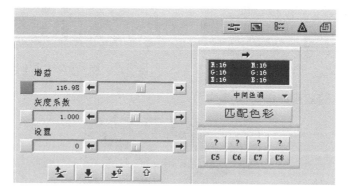

图 3-10-6　色彩校正界面

　　　　原图　　　　　　　　　　　　　效果图

图 3-10-7　大场景校色效果

至此整体校色完成。

【知识链接】

　　在非编制作中有时需要改变图像的色调，就要图像针对某一颜色做偏色处理。在 Avid

Media Composer 中提供了"色彩校正"(Color Correction)模式的专用界面。点选时间线下的色彩修正模式 Color Correction Mode,或点菜单界面风格 Toolset—Color Correction 色彩修正界面命令,显示出色彩校正面板,如图 3-10-8 所示。

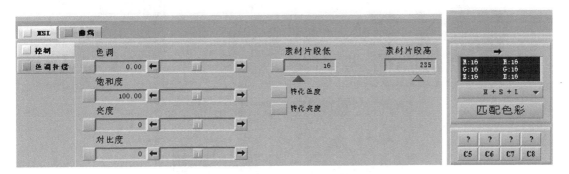

图 3-10-8　色彩修正界面中控制选项卡

其中包括两个组选项卡:HSL(色调、饱和度、亮度)组选项卡和"曲线"(Curves)组选项卡。在 HSL 组选项卡中包括"控件"(Controls)和"色调补偿"(Hue offsets)选项卡,单击"控件"(Controls)选项卡,移动滑块修改对应的值,其中控件包括色调(Hue)、饱和度(Saturation)、亮度(Brightness)、对比度(Contrast)。调整对比度的值能最简单直观影响图像色调范围,其中"亮度"(Brightness)控件与"对比度"(Contrast)控件互相影响,如果进行过"对比度"(Contrast)调整,最好使用"亮度"(Brightness)控件进一步调整亮度。

如图 3-10-9 所示为"色调补偿"选项卡。这里可以分别对图像暗部区域、灰部区域和亮部区域进行色调和色彩饱和度的修改。在这个选项卡里还可以通过快捷按钮对图像的对比度、白电平、黑电平、色彩平衡进行自动调整,十分方便。该选项卡还提供了色彩匹配功能,通过选定两幅图像中某块区域,使两幅画面该区域色彩一致,特别适合于调整前后画面中人的肤色,使其保持一致。

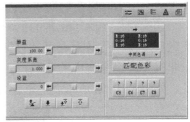

图 3-10-9　色彩修正界面中色调补偿选项卡

如图 3-10-10 所示为"曲线"(Curves)组选项卡,允许你操纵输入、输出色彩关系图标上的点。单击控制点,按住鼠标按钮并将控制点拖动到图形中要放置该点的位置。通过改变各色彩通道的色彩曲线,来改变图像色调。

在进行任何调整之前曲线是一条向上的 45 度直线,因为输入和输出值在整个范围内都相同。曲线两端的控制点由应用程序设置,鼠标拖动可改变它们的位置。调整红色、绿色、蓝色曲线可使图像色调改变为对应的颜色,"主色度曲线"(Master ChromaCurve)调节图像的亮度。

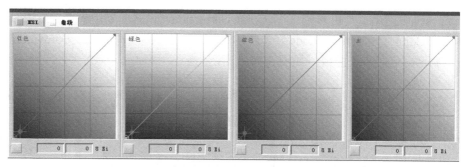

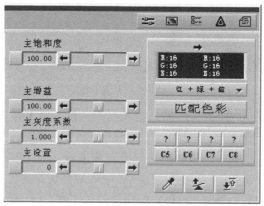

图 3-10-10　色彩校正界面曲线选项卡

色彩校正是高清电视后期制作中非常重要的一项工作,要很好地掌握它,不仅要熟悉设备的各项功能,还需要大量制作经验的积累。随着高清设备使用的不断尝试,会有更多高质的高清画面出现在观众面前。

非线性编辑系统调色的重要性:

摄像机的前期拍摄,由于画质的高清晰化.经常还会拍摄到在黑白监视器上没有注意到的东西,还有高清拍摄时灯光照明、曝光是否正确等客观因素也会影响图像的质量。前期拍摄画面不理想时需在后期非线性编辑中进行调整。

非编制作中除了正常的色彩还原,有时为了作品的艺术表现需要,要求调整片段的色调及饱和度使作品看上去更具感染力,这在前期的拍摄中很难做到,需要在后期制作中使用专业非线性编辑系统中的色彩校正工具进行调整。如图 3-10-11 所示就是专业的校正颜色的设备。如图 3-10-12 所示就是电影《唐山大地震》中校色后的镜头。

图 3-10-11　专业校色设备

图 3-10-12　电影《唐山大地震》中的校色

项目 3-11——制作局部校色效果

在影视后期制作中,常常要对画面的某一局部进行调色。一般的称为二级调色。英文称为 Selective—Color Correction 比如在电影《辛德勒的名单》中一位穿着红色衣服的小女孩在战争中的镜头,导演让画面中突出了红颜色,使观众把注意力集中到了小女孩的身上,从而达到一种艺术效果(如图 3-11-1 所示)。这个镜头就使用了局部调色的技术,局部调色技术如今使用的越来越广泛,它可以提高画面色彩的艺术感,更是可以解决画面色彩中存在的为问题,比如人物的肤色偏色。

所谓的局部调色是指对一段视频中某一区域进行调节,它与全局调色的区别就在于调色之前首先要选定一个区域,最终调色影响的范围也就在这个区域以内。

一般局部调色的方法有很多种,如跟踪调色,抠像调色等。

【技术要点】:通过"图像"特效中的"色彩效果"调整整体的色彩,用"键"特效中的【AniMate】特效调整局部色彩效果,完成局部校色。

【项目路径】:素材\chap03\局部校色。

图 3-11-1　《辛德勒的名单》中一个镜头

【实例赏析】

打开素材文件,观看局部校色效果。局部校色效果如图 3-11-2 所示。

图 3-11-2 局部校色效果

【制作步骤】

步骤 1：新建项目，项目名称为局部校色，格式为 25i PAL。

步骤 2：导入素材，如图 3-11-3 和图 3-11-4 所示。

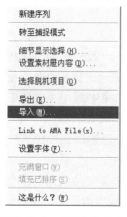 

图 3-11-3 "导入"命令　　　　　图 3-11-4 局部校色素材

步骤 3：添加效果。将此素材添加到两条视频轨 V1 和 V2 中，为 V1 轨添加特效，"图像"→"色彩效果"，如图 3-11-5 所示。

图 3-11-5 "色彩效果"特技

步骤 4：将饱和度值调整为-100，如图 3-11-6 所示，效果如图 3-11-7 所示。

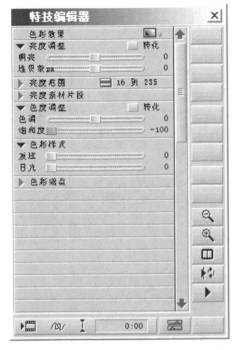

图 3-11-6　"色彩效果"特效编辑器

图 3-11-7　调整参数后效果

步骤 5：为 V2 轨道素材添加特效，"键"→"AniMatte"，如图 3-11-8 所示。

步骤 6：在特效编辑器中选用多边形工具，如图 3-11-9 所示。

图 3-11-8　AniMatte 特技

图 3-11-9　绘制不规则形状

步骤 7：精细调整参数，参数和效果如图 3-11-10 所示。

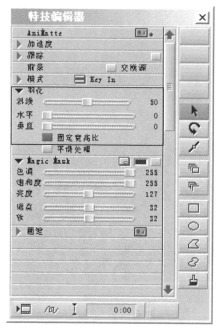

图 3-11-10　AniMatte 特技参数调整和效果图

经验谈

一般在进行局部调色的时候，首先观察素材，比如是内部运动还是外部运动，然后决定要调什么参数，比如是改变色相参数还是亮度参数，最后再选择调色的方法，以上介绍的方法基本能解决素材在进行局部调色的问题。

步骤 8：预览效果，保存项目。

至此，局部校色就完成了。

项目 3-12——制作天空变色效果

本实例实现了天空变色的效果，将红红的天空，变成绿色。很多电影中都要制作一些特殊的天气效果，可以使用下面的方法。

【技术要点】：通过"Key"特效中的"SpectraMatte"特效来把某种颜色抠除，然后利用【图像】特效中的【色彩效果】来改变抠除的颜色，来实现天空能够变色效果。

【项目路径】：素材\chap03\天空变色。

【实例赏析】

打开素材文件，观看"天空变色"效果。天空变色效果如图 3-13-1 所示。

【制作步骤】

步骤 1：新建项目，项目名称为"天空变色"，格式为 25i PAL。

步骤 2：导入素材，如图 3-13-2 和图 3-13-3 所示。

第3章 Avid 专项实例

图 3-13-1　天空变色效果

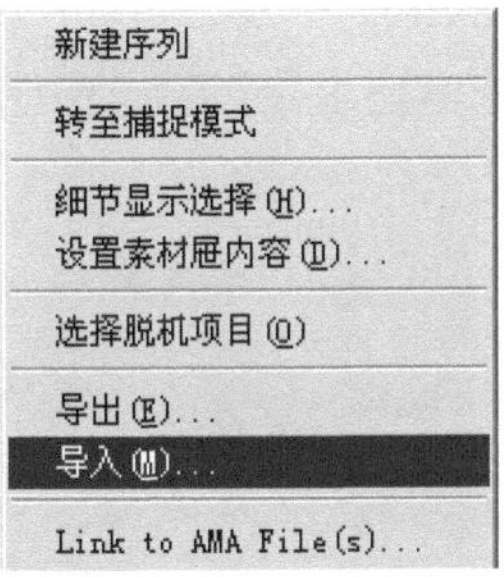

图 3-13-2　导入命令　　　　　　　图 3-13-3　天空素材

步骤 3：添加效果。将素材同时添加到时间线 V1 和 V2 轨道，如图 3-13-4 所示。

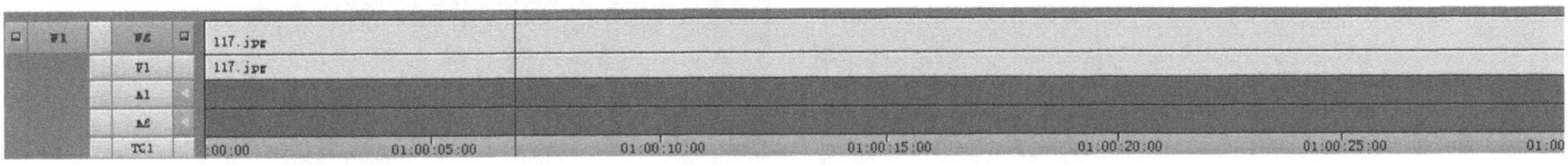

图 3-13-4　素材添加到 V1，V2 轨道

步骤 4：为 V2 轨素材添加"Key"→"SpectraMatte"，如图 3-13-5 所示。
步骤 5：取色器 吸取天空颜色，如图 3-13-6 所示。

图 3-13-5　SpectraMatte 特技　　　　图 3-13-6　SpectraMatte 特技编辑器

131

步骤6：为V1轨素材添加，"图像"→"色彩效果"，如图3-13-7所示。

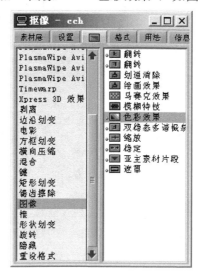

图3-13-7　色彩效果特技

步骤7：调整色彩效果特效中的色调参数。效果如图3-13-8所示，还可以任意调整几种你需要的颜色，如图3-13-9所示。

图3-13-8　AniMatte特技编辑器和效果

图3-13-9　天空变色效果

步骤 8：预览效果，保存项目。

至此，天空变色效果制作完成。

项目 3-13——制作黑白电影效果

本实例实现了黑白电影的效果，很多电影中为了进一步表现怀旧或者特殊的艺术效果用黑白电影形式来展现。

【技术要点】：通过"图像"特效中的"色彩效果"将影片调整成黑白，然后利用特效"illusion FX"中的"Film Grain"给黑白影片添加杂点效果，这就完成了黑白电影的制作。

【项目路径】：素材\chap03\黑白电影。

【实例赏析】

打开素材文件，观看黑白电影效果。黑白电影前后效果如图 3-13-1 所示。

图 3-13-1 黑白电影前后效果

【制作步骤】

步骤 1：新建项目，项目名称为黑白电影，格式为 25i PAL。

步骤 2：导入素材，如图 3-13-2 所示。

图 3-13-2 导入命令和素材

步骤 3：添加效果。添加特效"图像"→"色彩效果"，调整参数，将饱和度值设置为 100，如图 3-13-3 所示。

步骤 4：用片段提取工具 ，双击素材层，进入子层编辑状态。将"Illusion FX"中的"Film Grain"特效拖动到 1.1 层中，如图 3-13-4 所示。

步骤 5：添加特效"Illusion FX"→"Film Grain"噪点特效后，调整参数，如图 3-13-5 所示。

图 3-13-3　色彩效果特技编辑器

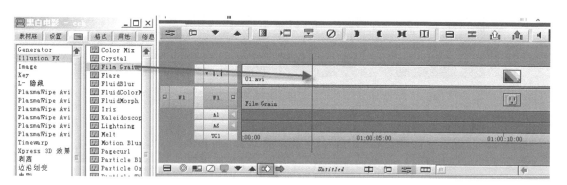

图 3-13-4　添加 Film Grain 特技

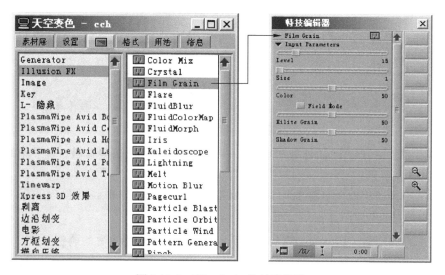

图 3-13-5　Film Grain 特技编辑器

步骤 6：预览效果，保存项目。
至此，黑白影片效果制作完成。

项目 3-14——制作推拉摇移效果 Avid Pan & Zoom

Avid 软件对大分辨率图能够仿真制作摄像机的推拉摇移效果，特技是 Avid Pan & Zoom。Avid Pan & Zoom，它允许在静止图像上进行一系列的关键帧运动控制。

【技术要点】：选择高质量的大分辨率的素材，添加"Image"特效中的"Avid Pan & Zoom"特效，调整参数，制作需要的推拉摇移效果。

【项目路径】：素材\chap03\ Avid Pan & Zoom。

【实例赏析】

打开素材文件，观看图片素材的推拉摇移效果。原图效果，如图 3-14-1 所示。图片素材的推拉摇移效果如图 3-14-2 所示。

图 3-14-1　原图

图 3-14-2　推拉摇移效果

【制作步骤】

步骤 1：新建项目，项目名称为 Avid Pan & Zoom，格式为 25i PAL。

步骤 2：导入素材，如图 3-14-3 所示。

图 3-14-3　"导入"命令和素材

步骤3：添加效果。添加特效"Image"→"Avid Pan & Zoom"，此特效模拟摄像机的推拉摇移，如图3-14-4所示。

经验谈

"Avid Pan & Zoom"特效只能应用在高分辨率的图片素材上。

图3-14-4　Avid Pan & Zoom 特技编辑器

步骤4：添加特效后，单击 的左侧小图标，如图 3-14-5 所示。找到图片路径，如图3-14-6所示。

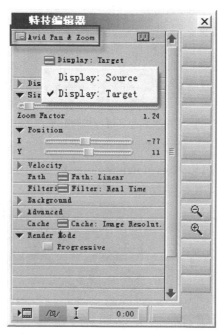

图3-14-5　Avid Pan & Zoom 特技编辑器

图 3-14-6　选择文件位置

步骤 5：选择 Display：Source 选项。此选项如同摄像机视角，出现在监视窗口，如图 3-14-7 和图 3-14-8 所示。

图 3-14-7　Avid Pan & Zoom 选择"源"　　　　图 3-14-8　选择"源"素材

步骤 6：设置窗口的位置、大小，并添加关键帧做运动。参数根据实际需要自由调整。如图 3-14-9 所示，就是关键帧的设置。

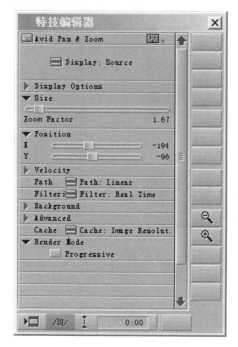
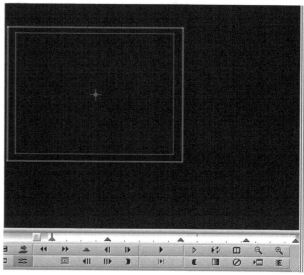

图 3-14-9　Avid Pan & Zoom 调整参数及效果

步骤 7：选择 Display：Target 选项，显示实际的效果，如图 3-14-10 所示。

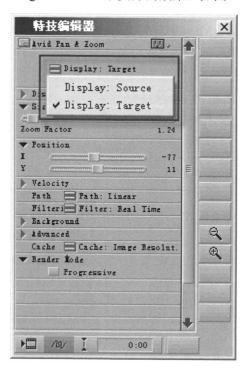

图 3-14-10　显示"Target"实际效果

步骤 8：预览效果，保存项目。

至此，大分辨率图片素材的推、拉、摇、移效果就制作完成。

项目 3-15——制作放大镜效果

本实例将学习在画面上制作一个放大镜效果,让放大镜经过的物体进行放大显示,主要是将遮罩键和 Sphere 球面特效参数进行调整,来实现放大效果,通过运动来实现动画效果。

【技术要点】:通过"键"特效中的"遮罩键"特效,将放大镜图片进行抠成透明图片。用"illusion FX"特效中的"Sphere"特效,制作放大镜放大的效果。将放大镜效果和放大镜图片的关键帧运动匹配在一起,就完成了放大镜效果的制作。

【项目路径】:素材\chap03\放大镜。

【实例赏析】

打开素材文件,观看"放大镜"效果。放大镜效果如图 3-15-1 所示。

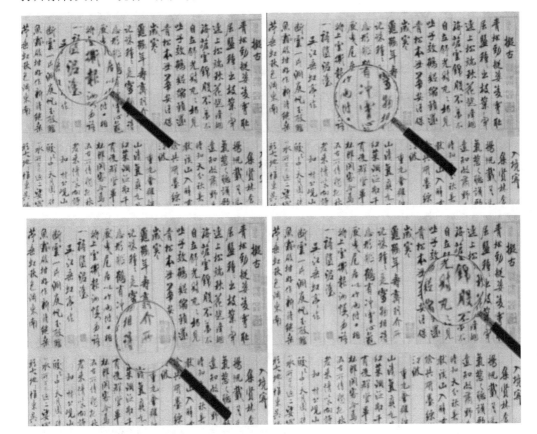

图 3-15-1　放大镜效果

【制作步骤】

步骤 1:新建项目,项目名称为放大镜,格式为 25i PAL。

步骤 2:导入素材,素材如图 3-15-2 所示。

步骤 3:将放大镜素材拖放到 V2 轨,书法图拖放到 V1 轨,如图 3-15-3 所示。

步骤 4:为放大镜素材添加特效"键"中的"遮罩键"特效,如图 3-15-4 所示。

图 3-15-2 放大镜和书法图

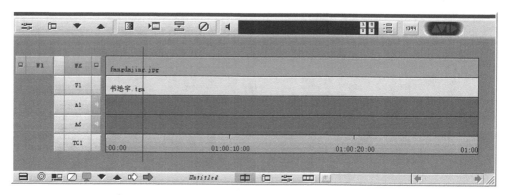

图 3-15-3 时间线上布局

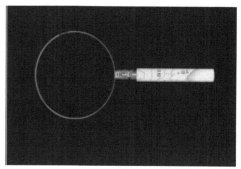

图 3-15-4 遮罩键特技和效果

步骤 5:打开特效编辑面板,单击交换源,修剪一下画面的边,操作如图 3-15-5 所示。效果如图 3-15-6 所示。

第 3 章 Avid 专项实例

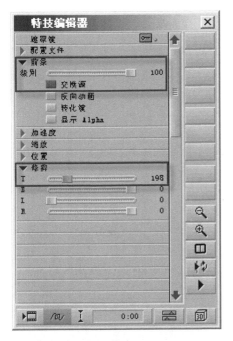

图 3-15-5　遮罩键特技编辑器

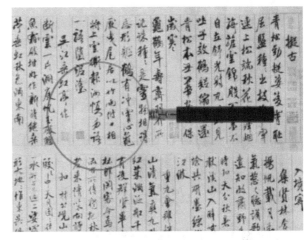

图 3-15-6　放大镜效果

步骤 6：打开 3D 开关按钮，将缩放值调整为 X75，Y70，旋转 Z40，如图 3-15-7 所示。

图 3-15-7　遮罩键中启用 3D 遮罩键

步骤 7：在第一帧位置将位置设置为 X-148，Y91，Z0，如图 3-15-8 所示。
步骤 8：2 秒位置添加一关键帧将位置设置为 X199，Y-317，Z0，如图 3-15-9 所示。

141

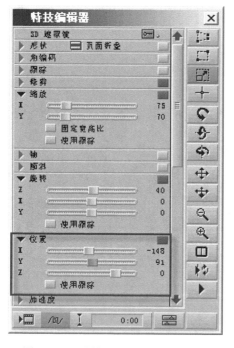

图 3-15-8 首帧 3D 遮罩键特技编辑器

图 3-15-9 2 秒外 3D 遮罩键特技编辑器

步骤 9：结束帧，将位置设置为 X340，Y10，Z0，如图 3-15-10 所示。

步骤 10：为书法字添加特效"Illusion FX"→"Sphere"，如图 3-15-11 所示。

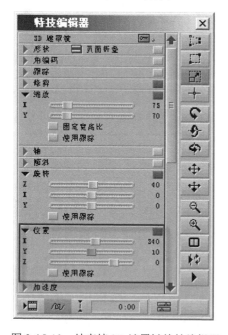

图 3-15-10 结束帧 3D 遮罩键特技编辑器

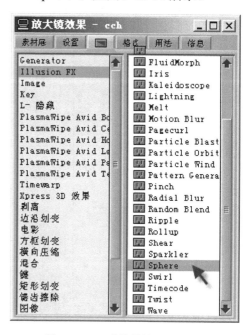

图 3-15-11 球体特技"Sphere"

步骤 11：将 Input Parameters 设置为 100，Amount 设置为 34。在第一帧位置将 Size 设置为 X-263，Y-238，如图 3-15-12 所示。

步骤 12：在第 2 秒的位置添加一关键帧，并将 Size 设置为 X82，Y166，如图 3-15-13 所示。

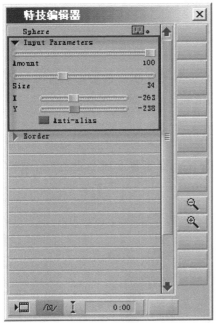 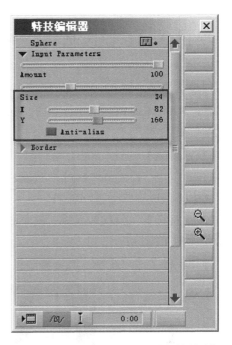

图 3-15-12　首帧"Sphere"球体特技编辑器　　　图 3-15-13　2 秒外"Sphere"球体特技编辑器

步骤 13：在最后一帧将 Size 设置为 X227，Y-152，如图 3-15-14 所示。

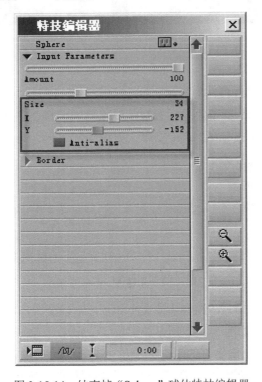

图 3-15-14　结束帧"Sphere"球体特技编辑器

步骤 14：预览效果，保存项目。
至此，放大镜效果制作完成。

项目 3-16——制作三维字幕效果

三维字幕一般都用在片头的字幕中，三维字幕更有立体感，很多的剪辑软件只能制作二维字幕，Avid Media Composer 中的 Marquee 可以独立完成三维字幕。这里我们来学习简单的三维字效果。

【技术要点】：通过字幕工具中的"Marquee"高级字幕，来处理字的三维效果。选中文字的"Effect"中"Extrude depth"数值，调整字的三维厚度。在字幕上加上适当的灯光效果，字的立体感和透视感会更加强烈。

【项目路径】：素材\chap03\三维字幕。

【实例赏析（截图）】

打开素材文件，观看三维字幕效果。三维字幕效果如图 3-16-1 所示。

图 3-16-1　三维字幕效果

【制作步骤】

步骤 1：新建项目，项目名称为三维字幕，格式为 25i PAL。

步骤 2：新建 Marquee 字幕。选择素材片段菜单中的新建字幕命令，在弹出的窗口中单击"Marquee"按钮，单击进入 Marquee 字幕，如图 3-16-2 所示。

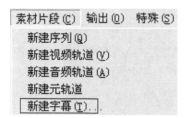 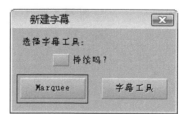

图 3-16-2　新建 Marquee 字幕

步骤 3：输入字幕"AVID"，调整字体大小和颜色，改变"Effect"中的"Extrude depth"设置字幕深度值为 64.33，如图 3-16-3 所示。

步骤 4：现在还看不出来字幕的深度和三维效果，因为字幕深度的颜色和主体的颜色是一样的，我们来改变深度的颜色。选择"Surface"标签中的"Extrude"，如图 3-16-4 所示。

步骤 5：要使 3D 字更美观，添加一些灯光和材质。给素材添加 Pear.tif 材质，如图 3-16-5 所示。

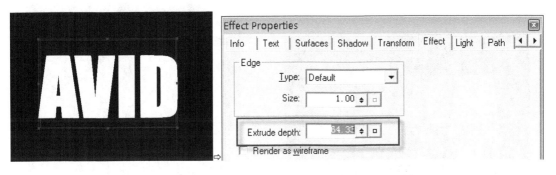

图 3-16-3 "Effect Properties"效果属性对话框和效果

图 3-16-4 "Surfaces Properties"表面属性对话框和效果

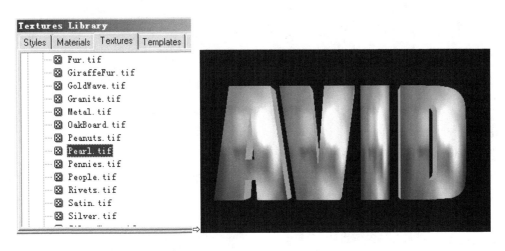

图 3-16-5 "Textures Library"纹理库窗口和效果

步骤 6：添加聚灯光，如图 3-16-6 所示。

步骤 7：复制一个字幕层，调整角度成为倒影，并调整其透明度为 11，如图 3-16-7 和图 3-16-8 所示。

图 3-16-6　添加聚光灯效果

图 3-16-7　倒影效果

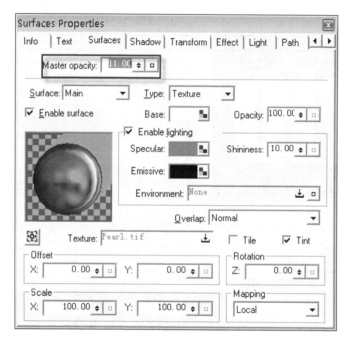

图 3-16-8　"Surfaces Properties"表面属性对话框

【知识链接】

建立 Marquee 字幕有两种方法。

步骤 1：选择菜单中的素材片段中的新建字幕命令，选择其中的 Marquee 按钮，进入 Marquee 字幕，如图 3-16-9 所示。

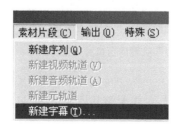

图 3-16-9　新建 Marquee 字幕

经验谈

一旦进入 Marquee 字幕，就不可以进入简单字幕工具进行编辑和修改。

步骤 2：选择工具菜单中的字幕工具命令，选择 Marquee 按钮进入 Marquee 字幕。如图 3-16-10 所示。

步骤 3：静态字幕：在 Marquee 中单击"T"按钮，输入字符，如图 3-16-11 所示。

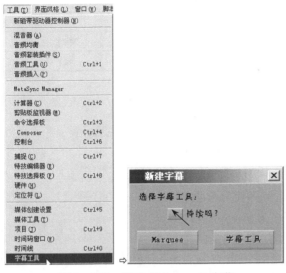

图 3-16-10　新建"Marquee"字幕

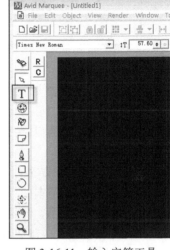

图 3-16-11　输入字符工具

步骤 4：上滚 R，左飞 C 字幕，Marquee 中可以制作上滚和左飞的字幕。

步骤 5：认识 Marquee 画布界面，功能和布局如图 3-16-12 和图 3-16-13 所示。

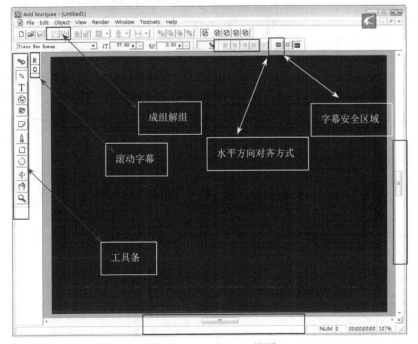

图 3-16-12　Marquee 界面

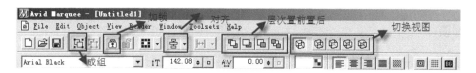

图 3-16-13 Marquee 工具栏介绍

步骤 6：认识 Marquee 常用工具按钮，如表 3-16-1 所示。

表 3-16-1 常用工具按钮功能介绍

	动画		旋转		钢笔		翻转
	编辑		灯光		矩形		手形
	文字		页面		椭圆		放大镜

经验谈

最多只能打 8 盏灯。

步骤 7：Avid Marquee 几种界面介绍，如图 3-16-14 所示。

Avid Marquee 中主要是应用以下几个界面，根据任务需要和个人使用习惯，基本的界面如图 3-16-15 所示、基本动画界面 3-16-16 所示、预览大界面如图 3-16-17 所示、专业动画界面如图 3-16-18 所示。

图 3-16-14 Toolsets 工具界面

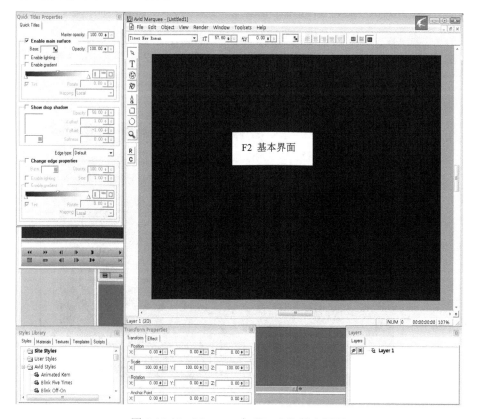

图 3-16-15 Marquee 中"Basic"基本界面

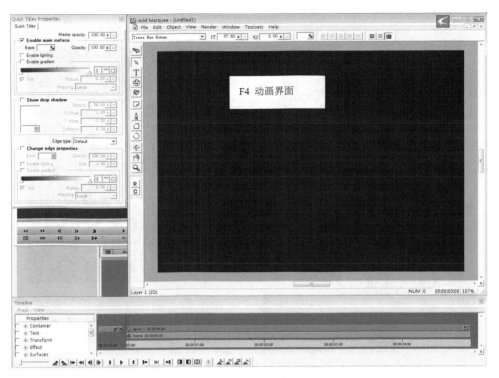

图 3-16-16　Marquee 中 "Basic Animation" 基本动画界面

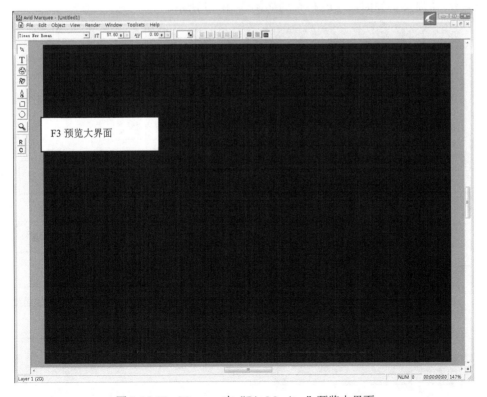

图 3-16-17　Marquee 中 "Big Monitor" 预览大界面

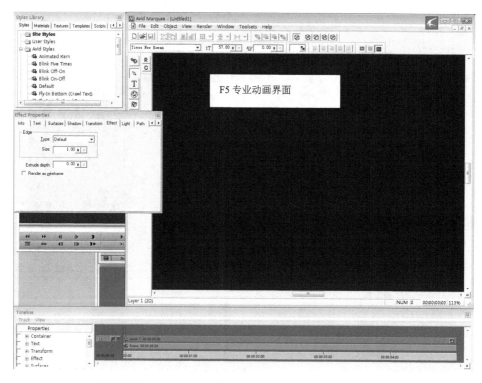

图 3-16-18　Marquee 中"Expert Animation"专业动画界面

步骤 8：快捷文字界面，功能和布局如图 3-16-19 所示。

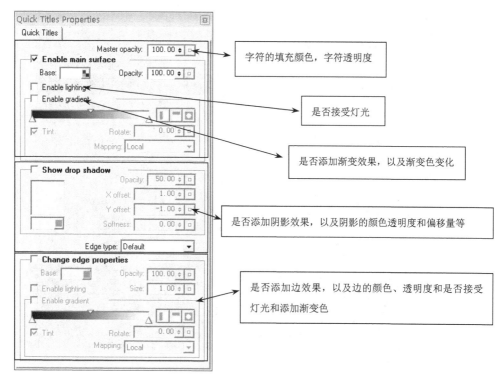

图 3-16-19　"Quick Titles Properties"快速字幕属性对话框

步骤 9：风格界面，如图 3-16-20 所示。

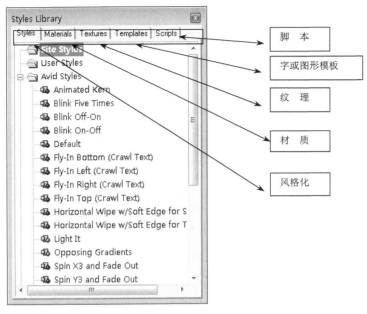

图 3-16-20 "Styles Library"风格库对话框

步骤 10：基本属性界面，包括位置 Position、缩放 Scale、旋转 Rotation、中心点 Anchor Point 等基本属性，如图 3-16-21 所示。

步骤 11：层对话框，如图 3-16-22 所示。

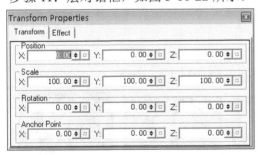 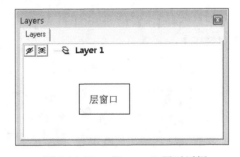

图 3-16-21 "Transform Properties"变换属性对话框　　图 3-16-22 "Layers"层对话框

步骤 12：表面属性界面，用右侧小箭头可以随意调整标签项，如图 3-16-23 所示。标签的中英文对照如表 3-16-2 所示。

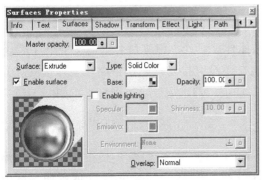 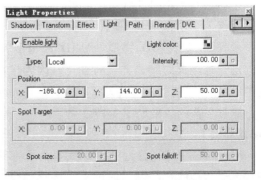

图 3-16-23 "Surfaces Properties"表面属性和"Light Properties"灯光属性对话框

表 3-16-2　属性功能中英文对照

Info	Text	Surfaces	Shadow	Transform	Effect	Light	Path	Render	DVE
信息	文本	表面	阴影	变换	特效	灯光	路径	渲染	DVE

步骤 13：时间线界面，如图 3-16-24 所示。

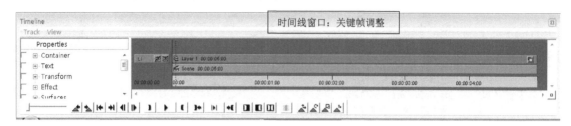

图 3-16-24　时间线界面

项目 3-17——制作过光字效果

在影视片头中，主题文字的表面滑过光芒的效果非常常见，这就是过光效果。很多的广告或者片头中重要的标识性文字也都采用过光效果。

【技术要点】：一般可以通过制作灯光的运动动画来实现过光效果。也可以通过制作一个白色过光条，瞬间从文字的一侧运动到另外一侧，来实现过光效果。

【项目路径】：素材\chap03\过光字。

【实例赏析】

打开素材文件，观看过光字效果。过光字效果如图 3-17-1 所示。

图 3-17-1　过光字效果

【制作步骤】

下面我们介绍两种过光字效果。

步骤 1：新建项目，项目名称为过光字。格式为 25i PAL。

步骤 2：新建 3D 字幕"AVID"，单击 按钮建立灯光，建立后会出现一个小灯罩 形状的泛光灯，此时字幕并没有变化。因为字幕现在还没有接受灯光，下面让字幕接受灯光，选中"AVID"字幕，勾选其中"Enable lighting"选项，勾选后表示接受灯光，如图 3-17-2 所示，此时字幕的效果如图 3-17-3 所示。

【补充知识】

Marquee 中灯光分为 3 种，每种灯光都有不同的表现方法，如表 3-17-1 所示。默认添加的灯光是"Local"，可以通过菜单选择改变光源性质，如图 3-17-4 所示，或者通过选中灯光，单击鼠标右键，弹出快捷菜单，修改光源性质，如图 3-17-5 所示。

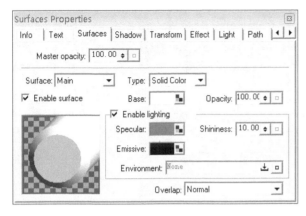

图 3-17-2 "Surfaces Properties" 表面属性对话框

图 3-17-3 三维灯光效果

表 3-17-1 三种灯光功能介绍

Local 灯光	Infinite 灯光	Spot 灯光

Local 灯光更像是点光源效果，移动定点光效，将会显著影响物体的高光和阴影部分，是应用最广泛的一种光源，场景中可以应用多盏。	Infinite 灯光是无限延伸的（就像阳光一样）。因此，当这种灯光样式应用到物体上时，光源位置会发生变化，但是物体是被均匀照射的。	Spot 灯光包含有两个部分："投射点"和"目标点"。可以投射出圆锥形光线，投射的角度以及 Light Properties 窗口内的光线衰减都是可调节的，产生一种逼真的投影阴影。

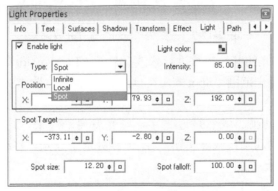

图 3-17-4 Light Properties 灯光属性对话框

图 3-17-5 "Light Type" 灯光类型菜单

步骤 3：制作过光字，我们需要用到"Spot"灯光，如图 3-17-6 所示。改变灯光后的效果，如图 3-17-7 所示。

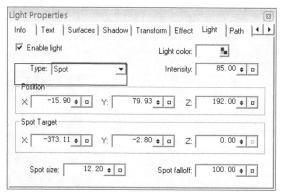

图 3-17-6 "Light Properties"灯光属性对话框

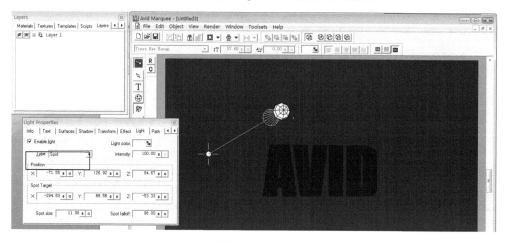

图 3-17-7 改变为"Spot"聚灯光效果

图 3-17-6 中，对灯光的其他参数进行修改，包括"Light color"颜色、"Position"位置、"Intensity"灯光强度、灯光范围"Spot size"、灯光的目标点位置"Spot Target"、灯光的衰减度"Spot falloff"。

步骤 4：记录过光动画。既然是过光字，灯光就要动起来，这时就接触到了动画的制作，打开左侧工具栏上的动画模式按钮，在 0 秒处选中灯光，移动灯光到字幕的左边，效果和参数如图 3-17-8 所示。

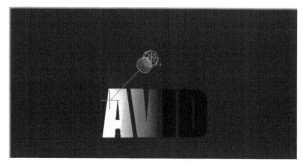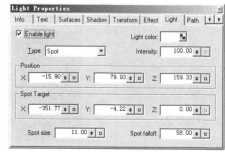

图 3-17-8 首帧处"Light Properties"灯光属性参数和效果

步骤 5：将时间线拖动到时间线 1 秒的位置，将灯光拖动到字幕右侧，操作参数和效果如图 3-17-9 所示。然后关闭动画模式按钮，按钮显示为关闭状态。

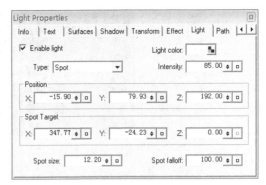

图 3-17-9　结束帧处"Light Properties"灯光属性参数和效果

步骤 6：播放预览。按键盘上的"Home"键回到第一帧，播放查看过光效果，如图 3-17-10 所示。

图 3-17-10　过光字效果

下面介绍另一种制作过光字效果的方法。

【制作步骤】

步骤 1：建立一个字幕，（颜色字体等无特殊要求），如图 3-17-11 所示。

图 3-17-11　创建文字"Beat it"

步骤 2：将制作好的字幕拖动到时间线上，持续时间为 2 秒，如图 3-17-12 所示。

步骤 3：接着制作白色过光条。打开"Marquee"字幕，绘制一个长方形条，如图 3-17-13 所示。

步骤 4：用钢笔工具选中矩形上面 2 个点，按住"Shift"键拖动成平行四边形，如图 3-17-14 所示。

步骤 5：做从左到右 1 秒的运动。打开左侧工具栏上的动画模式按钮，在 0 秒处选中白色的过光条，移动灯光到屏幕的左侧，效果如图 3-17-15 所示。在 1 秒处选中白色的过光条，移动灯光到屏幕的右侧，效果如图 3-17-16 所示。白色过光条从左侧运动到右侧，此时已经制作完成，关闭动画模式按钮。

图 3-17-12　文字添加到时间线

 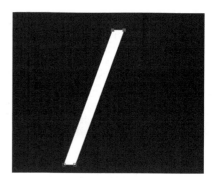

图 3-17-13　长方形过光条　　　　　　　图 3-17-14　变形长方形

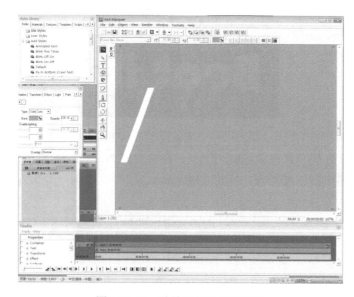

图 3-17-15　首帧平行四边形位置

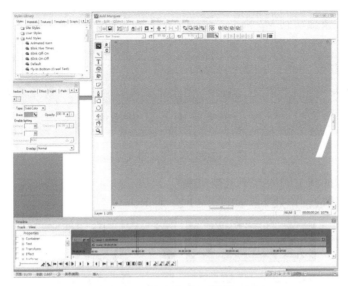

图 3-17-16　结束帧平行四边形位置

步骤 6：保存运动的白色过光条，如图 3-17-17 所示。

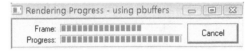

图 3-17-17　"Rendering Progress"渲染进程

步骤 7：将保存好的白色过光条，拖动到时间线上，选择时间线上方的向内步进按钮 ▼，如图 3-17-18 所示。按下 ▼ 按钮后，如图 3-17-19 所示。

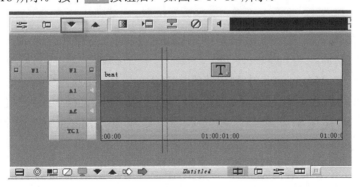

图 3-17-18　时间线的向内步进工具

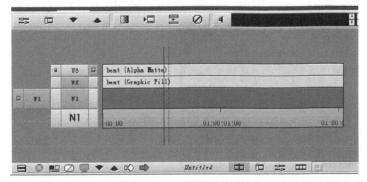

图 3-17-19　展开文字层

步骤 8：将过光条拖动到 V2 轨上，覆盖 V2 层上原来的素材，如图 3-17-20 所示。

图 3-17-20　时间线布局窗口

步骤 9：选择时间线上的向外步进按钮 ▲。
步骤 10：此时播放预览效果，如图 3-17-21 所示。

图 3-17-21　过光字效果

步骤 11：保存项目。
至此，两种过光字效果，制作完成。

项目 3-18——路径字

路径字，就是文字沿着一个绘制好的路径进行运动，常常用来表现一个曲线的动感效果，或者流线型的物体。

【技术要点】：在"Marquee"中制作路径字有两种常用方法。一种方法是自由绘制图形，然后将自由绘制的图形径转换成路径；另一种方法是在"Marquee"里绘制的标准图形转换成路径，然后分别选择运动方式。主要技术要点是用好"Marquee"中"Object"菜单中"Convert shape to path"命令和路径运动方式选择"Crawl"（爬行）。

【项目路径】：素材\chap03\路径字
【实例赏析】

打开素材文件，观看路径字效果，路径字效果如图 3-18-1 所示。

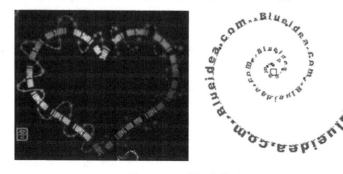

图 3-18-1　路径字效果

【制作步骤】

步骤 1：新建项目，项目名称为路径字。格式为 25i PAL。

步骤 2：打开"Marquee"字幕工具，在其中绘制路径。路径字的制作和三维字不同，首先要用钢笔工具绘制出字幕运动的路径。绘制好路径后，单击菜单栏中"Object"菜单，选择"Convert Shape to Path"命令，如图 3-18-2 所示。

选择此命令后，原本白色的路径会变为红色，如图 3-18-3 和图 3-18-4 所示。

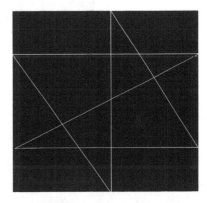

图 3-18-2　"Convert Shape to Path"形状转变为路径命令　　图 3-18-3　未转换前白色形状

步骤 3：单击字幕工具T输入自己想要输入的字幕，单击鼠标右键，在弹出的快捷菜单中选择 Motion→Crawl，如图 3-18-5 所示。

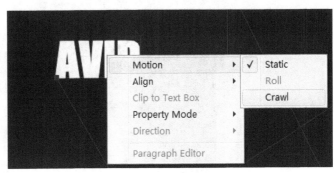

图 3-18-4　转换后红色路径　　　　　图 3-18-5　"Motion"运动菜单

步骤 4：单击空白处，按"Home"键回到第一帧，按空格键播放预览效果，如图 3-18-6 所示。

下面我们继续学习另外一种制作路径字的方法。

【制作步骤】

步骤 1：新建项目，项目名称为路径字 2，格式为 25i PAL。

步骤 2：选择菜单"素材片段"→"新建字幕"→"Marquee"命令，如图 3-18-7 所示。

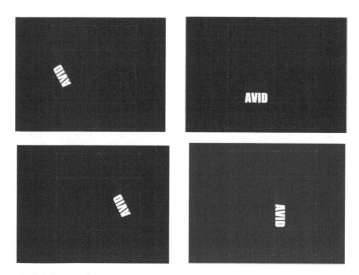

图 3-18-6　路径字效果

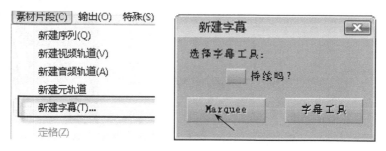

图 3-18-7　新建"Marquee"字幕

步骤 3：按住键盘上的"Shift"键，绘制一个圆形，如图 3-18-8 所示。

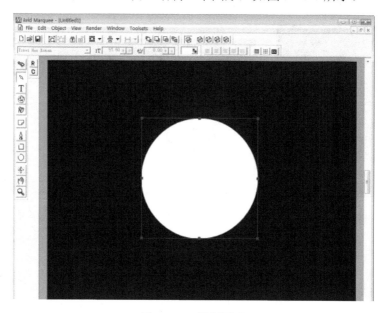

图 3-18-8　绘制圆形

步骤 4：选择菜单"Object"中的"Convert Shape to Path"命令，如图 3-18-9 所示。

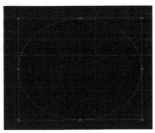

图 3-18-9　"Convert Shape to Path"形状转变为路径菜单

步骤 5：输入"Avid Marquee"字符，调整字体、大小和字色等参数，效果如图 3-18-10 所示。

步骤 6：更改路径的角度，文字也会跟着变化，效果如图 3-18-11 所示。

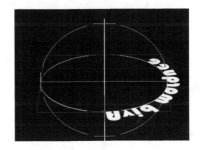

图 3-18-10　添加路径文字"Avid Marquee"　　　图 3-18-11　更改路径的角度

步骤 7：单独选择文字进行调整，效果如图 3-18-12 所示。

步骤 8：调整深度，操作如图 3-18-13 所示。

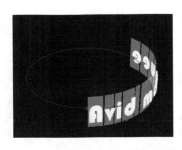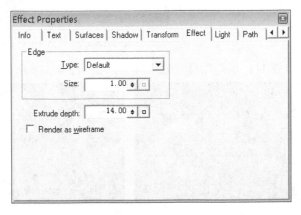

图 3-18-12　单独选中文字进行细节调整　　　图 3-18-13　"Effect Properties"效果属性对话框

步骤 9：添加灯光，效果和参数，如图 3-18-14 所示。

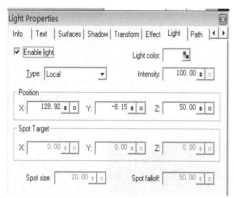

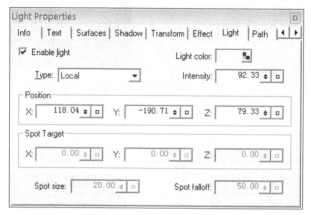

图 3-18-14 添加灯光效果和调整"Light Properties"灯光属性对话框中的参数

步骤 10:设置爬行模式,效果如图 3-18-15 所示。

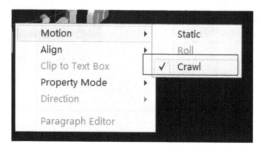

图 3-18-15 "Motion"运动菜单

步骤 11:保存项目,效果预览,如图 3-18-16 所示。

图 3-18-16 路径字效果

至此,两种方法制作的路径字已经制作完成。

项目 3-19——制作打字机效果

打字机效果是制作一个类似于打字机打字的文字效果。

【技术要点】：应用 Marquee 中存储的模板。风格化"Styles"标签中的"Avid Scripts"→"text"→"typeon"。

【项目路径】：素材\chap03\打字机效果。

【实例赏析】

打开素材文件，观看打字机效果。打字机效果如图 3-19-1 所示。

图 3-19-1 打字机效果

【制作步骤】

"Marquee"里面有很多的模板，下面就来介绍一种打字机效果的制作过程。

步骤 1：新建项目，项目名称为打字机效果，格式为 25i PAL。

步骤 2：选择菜单"素材片段"→"新建字幕"→"Marquee"命令，如图 3-19-2 所示。

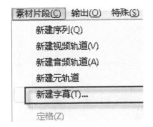 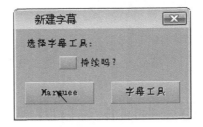

图 3-19-2 新建"Marquee"字幕

步骤 3：输入要制作打字机效果的文字，进行简单的排版，如图 3-19-3 所示。

> Avid Marquee 软件是动画字幕界较为完整的，整合式 2D 和 3D 字幕与图形动画工具集。它具备异常强大的色彩校正工具，包括特有的曲线图表和一触式自动校正功能，使您可以更为快

图 3-19-3 文字排版后效果

步骤 4：建立需要打字机效果的字幕，选中字幕，选择打字机模板效果。

"Styles"→"Avid Scripts"→"text"，"typeon"，如图 3-19-4 所示。

步骤 5：按"Home"键，回到第一帧，播放预览。

打字的速度取决于时间线的长度，时间线越长速度越慢，反之则越快。

步骤 6：修改打字机持续时间线的方法是通过"File"菜单中的"Duration"持续时长命

令，如图 3-19-5 所示。

图 3-19-4　"Scripts Library"脚本库对话框

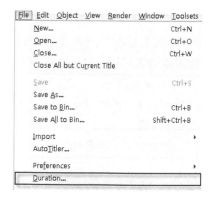

图 3-19-5　"Duration"持续时间参数

步骤 7：单击"File"→"Duration"后修改"Preview Duration"持续时间的数值，来调整时间线的长度，如图 3-19-6 所示。

图 3-19-6　"Title Preferences"字幕属性对话框

步骤 8：预览效果，保存项目。

经验谈

打字机效果可以用很多方法来实现，这是比较简单的方法。

项目 3-20——制作对白唱词效果

电视字幕是画面形象和声音的补充，也是对画面或解说进行强调。对白是声音语言的主要构成，视听艺术中的说白包括对白、独白（内心独白）和旁白（解说）。对白字幕是将对白形象化的重要形式。

对白字幕的特点：

（1）字幕的颜色尽量一致。

（2）字幕的字体字型一致。

（3）字幕的风格样式一致。

（4）字幕在画面上的排列方式和位置一致。

Avid Marquee 软件是在所有动画字幕工具中较为完整的，整合式 2D 和 3D 字幕与图形动画工具集。它具备异常强大的色彩校正工具，包括特有的曲线图表和一触式自动校正功能，可以更为快速的创作出更好的图形作品。该动画字幕系统除了内置的字幕工具外，还提供了更多的字幕制作能力。由于较早前的 Avid 产品在字幕唱词的制作方面相当复杂，致使许多 Avid 用户渴望寻求快速制作的方法。

 经验谈

我在使用 Avid Marquee 软件时发现 Auto Titler（自动字幕编写）功能键能解决该问题。本文将着重介绍如何使用 Auto Titler 快速制作唱词。

在 Marquee 中创建唱词字幕模板用户可以在 Marquee 中，通过优先创建唱词字幕模板，直接替换所需要唱词文本的方式来提高工作效率。用户可以根据自己的实际需要，在 Marquee 字幕程序中创建自己常用的多种唱词字幕模板。

下面详细介绍一下唱词字幕模板的制作方法。

制作的一般步骤：

步骤 1：将文字转换为文本形式。

步骤 2：新建字幕模板。

步骤 3：基于模板批量创建。

步骤 4：输出测试。

步骤 5：字幕的批量修改。

步骤 6：测试输出。

步骤 7：可以进行最终的输出了。

经过修改后再选取部分字幕输出进行测试，如果还不满意，仍可采用此方法进行批量修改，修改完成后就可以最终输出了。

【制作步骤】

步骤 1：新建项目，项目名称为对白唱词，格式为 25i PAL。

步骤 2：新建一个文本文档，输入需要上的对白唱词，每一断句处一定要用回车符换行，并且必须要空出一行，如图 3-20-1 所示。

步骤 3：输入完毕后，选择文件菜单中的另存为命令，将其中的"编码"类型改为"Unicode"，保存即可，如图 3-20-2 所示。

图 3-20-1 "对白唱词"记事本窗口

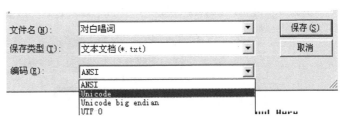
图 3-20-2 保存文本文件"Unicode"编码

步骤 4：选择菜单"素材片段"→"新建字幕"→"Marquee"命令，如图 3-20-3 所示。

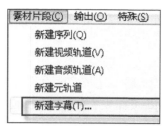 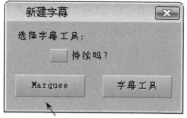

图 3-20-3　新建"Marquee"字幕

步骤 5：打开字幕安全框，输入唱词需要的样式（一般包括字体、颜色、位置等信息），如图 3-20-4 所示。

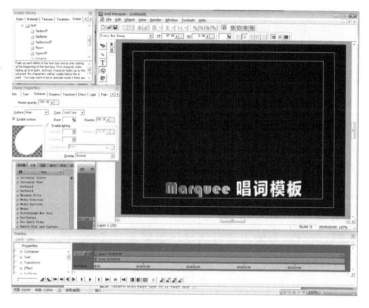

图 3-20-4　字幕模板样式

经验谈

字幕模板中，一定要先规划好字幕的位置、大小、颜色、运动方式等，不能超过字幕安全区域，一行输入几个字符，都要提前设计好，一般一行 8~10 个汉字为宜，否则将超出字幕安全区域。同时模板的字符区域一定要足够长，不然如果有些语句比模板长，就会导致自动换行。

步骤 6：再将"Layers"选项卡中的"Text Box"改为"Text Box 1"，如图 3-20-5 所示。

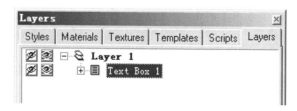

图 3-20-5　修改"Layer"层名称

经验谈

Text Box 和 1 之间一定有一个空格，没有空格和多出 1 个空格都会导致报错，无法正常运行。

步骤 7：选择"File"文件菜单中的"AutoTitler"命令，导入刚刚存储的文本文档，如图 3-20-6 所示。

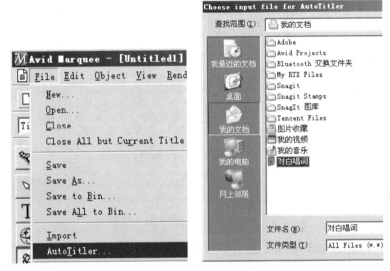

图 3-20-6　"Auto Titler"命令和选择导入文件窗口

步骤 8：对白唱词都导入"Marquee"中后，选择"File"菜单其中的"Save All to Bin"命令，如图 3-20-7 所示。

图 3-20-7　"Save All to Bin"全部保存到 Bin 命令

步骤 9：将所有生成的字幕文件，依次全部拖放到时间线上，如图 3-20-8 所示。

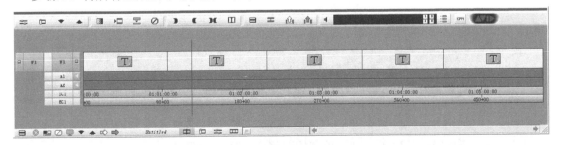

图 3-20-8　字幕在时间线布局

步骤 10：设置快捷键。按住组合键"Ctrl+3"，打开命令选择板，在设置中选择 Keyboard 设置，将编辑标签中的顶部 按钮和尾部 按钮，拖住分别放到键盘中的"Pup"和"PDn"键位上，操作方法如图 3-20-9 所示。

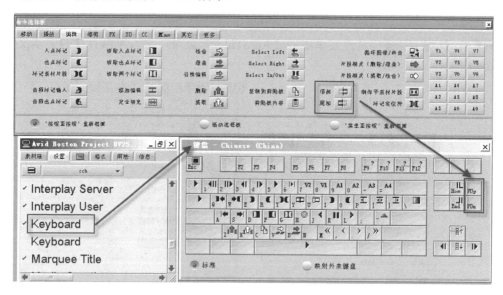

图 3-20-9　设置顶部和尾部快捷键

步骤 11：将顶部 按钮和尾部 按钮，分别拖曳到 PUp 和 PUp 键上。操作后效果如图 3-20-10 所示。

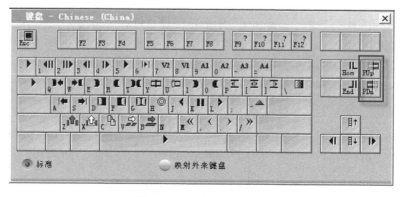

图 3-20-10　键盘窗口布局

步骤 12：然后回到时间线上，播放时间线上的字幕，按 键，边播边剪辑，如图 3-20-11 所示。

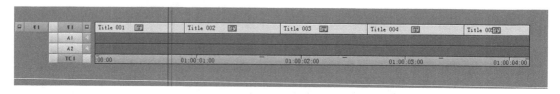

图 3-20-11　按"Pagedown"键边播边剪辑

步骤 13：根据影片的要求，进行精细的调整，达到声画同步。

步骤 14：预览效果，保存项目。

至此，对白唱词制作完成。

项目 3-21——制作 DVE

本实例将学习在"Marquee"中制作一个球体绕另一个球体旋转的效果。因为一般的字幕软件实现三维球体的效果很困难，这里我们来学习如何在"Avid Marquee"中制作球体效果。

【技术要点】：在"Marquee"中选择"Object"菜单，选择其中的"Create DVE"命令，可以制作 DVE 效果。选择其中参数为"Sphere"则可制作球体。然后绘制路径，让球体绕着转起来。

【项目路径】：素材\chap03\ DVE。

【实例赏析】

打开素材文件，观看 DVE 效果。小球绕大球转的效果如图 3-21-1 所示。

图 3-21-1　小球绕大球转的效果

【制作步骤】

步骤 1：新建项目，项目名称为 DVE，格式为 25i PAL。

步骤 2：选择菜单"素材片段"→"新建字幕"→"Marquee"命令，如图 3-21-2 所示。

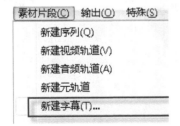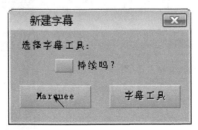

图 3-21-2　新建"Marquee"字幕

步骤 3："Marquee"中"DVE"的运用，打开"Object"菜单栏，选中"Create DVE"命令，如图 3-21-3 所示。

这时会出现一个充满窗口的白色固态层，它就是 DVE 层，接着打开 DVE 属性设置"DVE Properties"对话框，如图 3-21-4 所示。通过图上的方向箭头进行各种参数的设置。

图 3-21-3　Create DVE 创建 DVE 命令

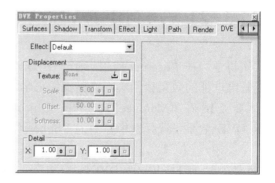

图 3-21-4　"DVE Properties" DVE 属性对话框

步骤 4："Effect"中有 5 个选项，默认的是 Default（默认），如图 3-21-5 所示。

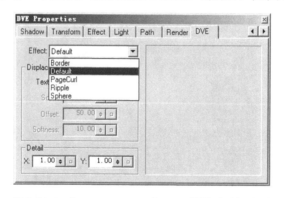

图 3-21-5　"DVE Properties" DVE 属性对话框选项

其余 4 个分别是 Border 是边框，PageCurl 是翻页，Ripple 是扭曲，最后 Sphere 是球体。

步骤 5：用球体做例子，创建 DVE 层。在"Effect"中选择"Sphere"球体选项，如图 3-21-6 所示。

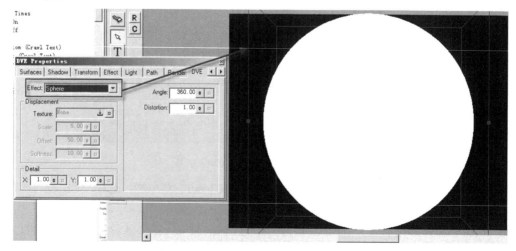

图 3-21-6　选择 Effect 中"Sphere"球体选项

步骤6：用"Marquee"的"Transform"标签来设置它的大小和旋转参数，如图 3-21-7 所示。参数可以任意调整，在缩小的同时应旋转一个适当的角度，以便更好地观察球体。

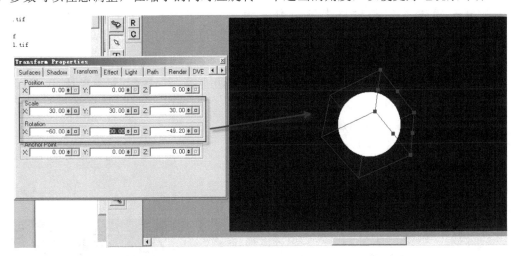

图 3-21-7 "Transform Properties"变换属性对话框

步骤7：现在球体是纯白色的，比较平面化，还不是能很清楚地看出球体的样子，这时应给它赋予材质和灯光。选择"Textures Library"标签中的"Wood.tif"材质，如图 3-21-8 所示，赋予灯光后效果如图 3-21-9 所示。

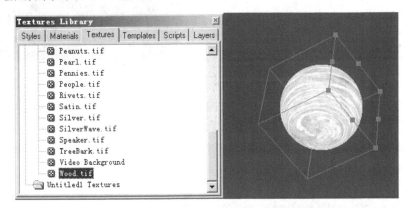

图 3-21-8 添加"Wood.tif"木质纹理

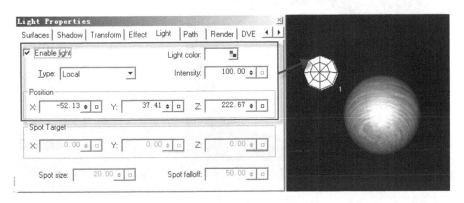

图 3-21-9 "Enable light"接受灯光选项

经验谈

如果出现物体对加入的灯光没有任何反应,此时需要选中物体调整"Surfaces Properties"中的参数,选中"Enable lighting"(允许灯光使用)复选框,如图 3-21-10 所示。

步骤 8:接着按组合键"Ctrl+C"复制球体,按组合键"Ctrl+V"粘贴球体,同时调整复制球体大小,如图 3-21-11 所示。

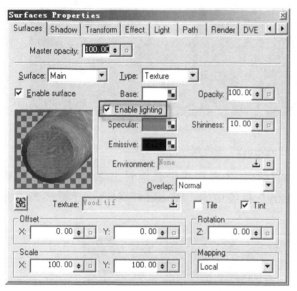

图 3-21-10 "Surfaces Properties"表面属性对话框　　图 3-21-11 复制球体

步骤 9:制作圆形路径。首先绘制一个椭圆形,然后选择"Object"菜单中的"Convert Shape to Path"命令,操作步骤和制作效果如图 3-21-12 所示。

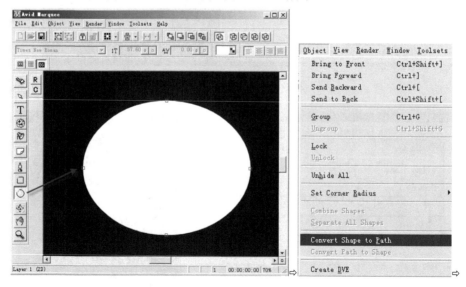

图 3-21-12 制作圆形路径

图 3-21-12　制作圆形路径（续）

步骤 10：在"Layers"层面板中给大小球分别重新命名，如图 3-21-13 所示。

图 3-21-13　在"Layers"层窗口重命名

步骤 11：将小球体拖入路径中，选中文字工具，在小球体上单击鼠标右键出现"Motion"（运动）选项，选择其中的"Crawl"（爬行）选项，操作及效果如图 3-21-14 所示。

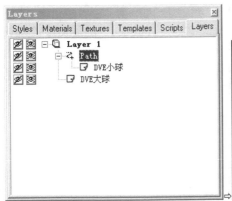 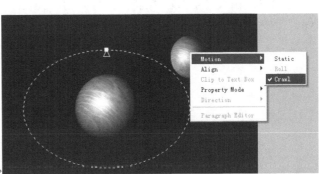

图 3-21-14　设置小球的"Motion"（运动）选项为"Crawl"（爬行）

步骤 12：预览效果，保存项目。

至此，小球绕着大球转、动画制作完成。

项目 3-22——制作三维运动字幕动画效果

本实例将学习在画面上做一个三维的物体，同时设置其运动效果。

【技术要点】："Marquee"中制作三维字幕，并给其添加旋转运动效果。

【项目路径】：素材\chap03\三维运动字幕。

【实例赏析】

打开素材中的文件，浏览运动字幕动画效果，效果如图 3-23-1 所示。

图 3-23-1　三维字幕效果

【制作步骤】

步骤 1：新建项目，项目名称为"运动字幕"，格式为 25i PAL。

步骤 2：在菜单中选择"素材片段"→"新建字幕"→"Marquee"命令，如图 3-23-2 所示。

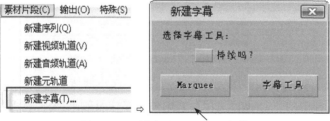

图 3-23-2　新建"Marquee"字幕

步骤 3：输入"AVID"字符，在打开的"Layers"窗口中将"Marquee"的层类型"Layer Type"改为"3D"，如图 3-23-3 所示。

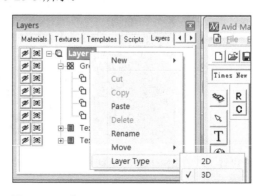

图 3-23-3　将"Layer Type"层类型改为"3D"

步骤 4：为 "Avid" 字符增加边框、深度、纹理，如图 3-23-4 所示。

步骤 5：使用旋转工具 逐个字符调整角度，如图 3-23-5 所示。

图 3-23-4　修改三维字幕的效果　　　　图 3-23-5　单独旋转某一字符

步骤 6：单击灯光按钮 ，加入灯光，在这个实例里加入 4 个灯光。可以根据自己实际需要添加灯光和改变灯光的属性。单击 按钮后，在画面上单击鼠标右键，弹出 "Add light" 快捷菜单，根据需要加上灯光效果，如图 3-23-6 所示。

步骤 7：选中单一字符，分别选择旋转工具 ，调整每个字幕的角度，效果如图 3-23-7 所示。

图 3-23-6　"Add Light" 添加灯光快捷菜单　　图 3-23-7　每个字符旋转后效果

步骤 8：最后可增加一些装饰元素，如图 3-23-8 所示。

建立 1 个圆形，复制 4 次，逐个减小，修改颜色，改为蓝白相间，选择成组按钮 把 4 个层进行成组，并调整 "Extrude depth" 参数增加深度，用 工具调整圆形层的显示。

图 3-23-8　添加修饰元素效果

步骤 9：用钢笔勾出 2 条线，把线的颜色变成白黑渐变拖尾的效果。渐变参数如图 3-23-9 所示。

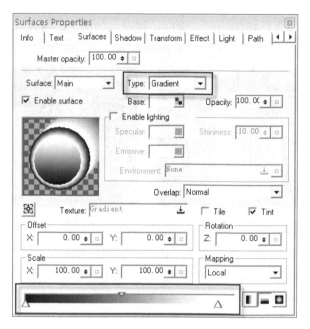

图 3-23-9 绘制线条进行"Gradient"渐变填充

步骤 10：接着建立 2 个小圆形，放在光线顶端，添加阴影效果，效果如图 3-23-10 所示。添加后会有淡淡的荧光效果，可复制多次，复制次数越多亮度也就越大。

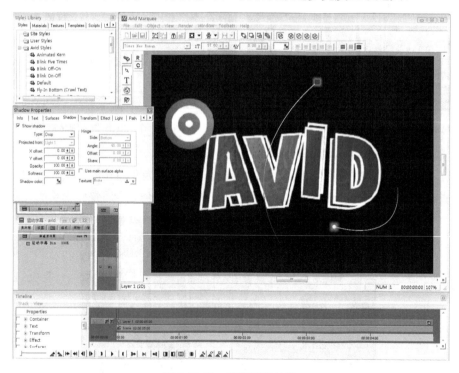

图 3-23-10 绘制圆形效果

步骤 11：记录运动，保存项目。

至此，运动三维字幕制作完成。

第 4 章

Avid 高级操作

目前,在众多编辑系统中,Avid 数字非编系统在欧美电影剪辑中仍然占据着主导地位。据了解,好莱坞有 85%以上的电影都是用 Avid 进行剪辑的。

在能够基本使用 Avid Media Composer 软件后,我们来学习更多的高级操作,比如数据备份、插件使用、声音处理、修剪等等。

4.1 Avid 备份

非线性编辑系统是目前影视节目制作中应用广泛的重要工具,而数据丢失又是编辑人员工作中经常遇到的问题。不同非线性编辑系统的数据保护措施不同,这里以 Avid Media Composer 为例,具体说明发生数据丢失等问题时如何及时补救和恢复数据的实用方法。

4.1.1 Avid 软件"Bin"媒体夹设置

1. "Bin"媒体夹设置

正在进行的剪辑工作,因为一个系统或电源故障而突然死机,就有可能使我们一天的辛苦付之东流。为了避免这种悲剧,Avid 系统提供了"Auto save"(自动保存)功能。双击设置列表的"Bin"选项,操作如图 4-1-1 所示,将打开一个如图 4-1-2 所示的对话框,里面的选项可用来设置备份和保存工作等。

可以设置一个自动存储的间隔时间,默认设置是 15 分钟。还是一个功能为不活动时期。如果目前正进行剪辑,系统会一直等候而不存盘。因为一个剪辑师有时是不希望被打断的。将设置调整为 15 秒,系统将在剪辑工作间歇达 15 秒后才进行自动存储。但如果一直都没有间歇那么长时间,那会发生什么呢?因此系统提供了"Force Auto-save"(强制自动保存至)

选项，它将中断任何工作而强制进行自动存盘。

图 4-1-1　Bin 媒体夹设置窗口　　　　　图 4-1-2　素材屉设置对话框

当然可以随时手动存盘，用"Command+S"（Mac）或"Ctrl+S"键（Windows）即可。

"Attic"（备份）位于计算机本地硬盘中，如图 4-1-3 所示，打开的文件夹如图 4-1-4 所示，主要保存制作的项目，文件夹下专门用于存储媒体夹的各个旧版本，如图 4-1-5 所示。

当 Avid 存盘时（不管是自动的还是手动的），系统会把剪辑处理备份到"Attic"文件夹。"Attic"中可存储一定数量的备份文件，当数量达到设定值后，将自动用最新版本的文件代替最旧的版本。这是"Bin"设置中最后两个选项的内容。

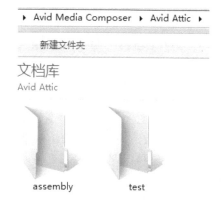

图 4-1-3　Avid Attic 文件夹窗口　　　　图 4-1-4　Avid Attic 文件夹下的"assembly"项目窗口

图 4-1-5　备份的媒体夹

下拉菜单中的"Double-click loads object in"（双击目标加载到）可以选择是把在媒体夹中双击打开的片段或序列加载到源/记录监视器中（默认），还是载入到一个弹出窗口中。这里选择的是"Source or record Monitor"（源/记录监视器）。

经验谈

数据出错的原因有很多，电脑的工作方式、数据的存储方式以及操作系统的稳定性，乃至于工作人员的疏忽都可能导致问题的发生。工作人员针对各种可能出现的状况，采取相应的措施，想尽办法使损失达到最小，最大限度地保护我们工作人员的劳动成果。

4.1.2　Avid 软件备份文件

Avid Unity Media Network 和 Avid Unity LAN share 是 Avid 的共享存储产品，允许多个 Avid 系统共享同一个媒体。也可以设置系统自动备份自己部分或全部的媒体文件。比如说，如果系统有 1.9TB 的存储空间，则可以用其中的 1.2TB 存储媒体及其他文件，然后用剩下的 0.7 TB 作为备份用。这些系统通常由电视网络、较大的电视台以及大的后期公司所使用。

对没有连接到网络但有 DVD 刻录光驱的单机系统来说，要不要备份媒体文件很大程度由项目媒体的种类所决定。如果项目中绝大部分素材均采集自带时码的录像带，那把媒体文件备份到 DVD 就没什么必要了。但如果项目的媒体有不少是导入的，由其他软件生成的图片、动画或不带时码的声音（如磁带或 CD 光盘），那么可能就需要考虑在 DVD 光盘上做备份。如果配置 DVD 刻录光驱，也要考虑把音频文件备份到 CD 光盘上。

1．备份视频

笔者并不常常备份自己的视频文件。而只把项目做备份，保管好带时码的素材带。如果出现问题，从这些素材带中批采集回来即可。如果有大量不能批采集的导入的素材，而且有 DVD 刻录光驱，那就不要分开视频和音频，而是将它们一起备份。打开素材硬盘中的"MXF"文件夹（在素材盘的 Avid Media File 下），如图 4-1-6 所示，挑选自己项目的视频文件，然后拖曳到 DVD，并刻录出来。

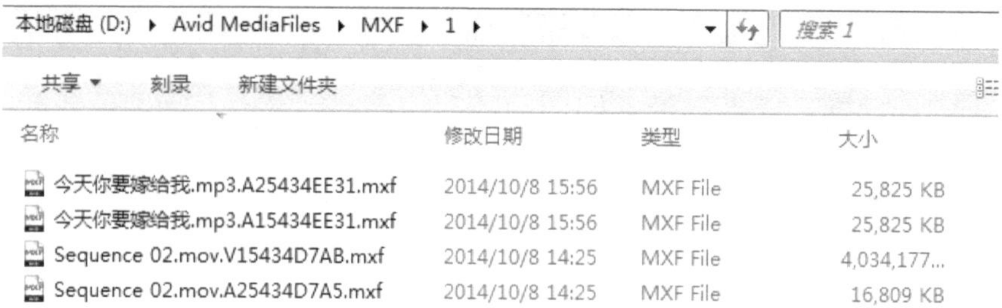

图 4-1-6　MXF 文件

 经验谈

MXF 是英文 Material exchange Format（素材交换格式）的缩语。MXF 是 SMPTE（美国电影与电视工程师学会）组织定义的一种专业音视频媒体文件格式。MXF 主要应用于影视行业媒体制作、编辑、发行和存储等环节。

在 MXF 开发完成之前，已存在多种音视频文件格式，如：GXF、QuickTime、DPX 和 AVI 等，但只有 MXF 最能够满足应用需求，特别是在开放性和元数据扩展性方面，因此 MXF 文件格式的应用越来越广泛。AAF 主要用于媒体的编辑和制作，与 MXF 应用的侧重点有所不同。

2. 备份音频

与视频文件相比，音频文件小多了，所以很容易备份。如果有大量的声音是来自声效或音乐的 CD 光盘，因为没有时码，所以不能像 DV 录像带那样批采。

要备份音频文件，打开媒体硬盘的"MXF"文件夹，选中项目中所有的声音文件，将它们拖曳到 CD 或 DVD 光盘上，并刻录出来。由于音频文件较小，所以用一两张 CD 光盘，或者一张 DVD7 光盘就足够了。如果音频文件离线了，就从备份 CD 中将其拖曳到"MXF"相应文件夹中，一切又都恢复在线了。

3. 备份序列

保存多个版本的序列是非常重要的。也许由于灵光一闪，风风火火地剪辑处理之后，突然发现这些剪辑没法用，整个序列一团糟。这时最希望能彻底回到之前的版本上去。所以在尝试一些新点子之前，一定要养成备份序列的习惯，并且在每一个剪辑阶段结束时，记得复制做好的序列，这样第二天继续时可以一身轻松地开始。还可以追踪所有的改动，如果需要还可以随时回到之前的版本。下面是操作步骤：

（1）在"Assembly"媒体夹中找到正处理的序列"粗编"。

（2）选中序列（单击序列图标），它将变为高亮显示。

（3）从"Edit"菜单中选择"Duplicate"（备份），或者按"Command+D"（Mac）以及"Ctrl+D"（Windows）键，创建一个序列备份，并在名字上增加一个".copy.01"后缀，以便区别。操作后如图 4-1-7 所示。

（4）删除后缀".copy.01"，改为当天日期，或自己能分辨版本的名字。如图 4-1-8 所示。

第 4 章　Avid 高级操作

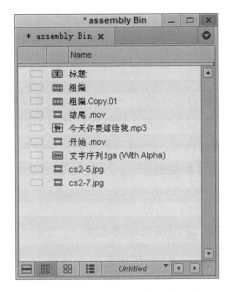 

图 4-1-7　Bin 窗口中备份序列　　　　　图 4-1-8　Bin 窗口中备份序列并改名

（5）双击新序列"粗编 20141008"图标，可以在备份序列上继续工作。

4．备份文件

如果系统崩溃了，或硬盘出故障了，除非做了备份，否则所有的工作就会丢失。所以，需要把媒体夹、序列等有关的资料保存到 CD 光盘、U 盘或 Zip 盘上。以下是操作步骤。

（1）完成一天的剪辑工作，在存盘、关闭项目、退出程序后，返回到桌面。
（2）双击"我的电脑"（Windows）或"Macintosh HD"（Mac）。
（3）在 Windows 用户找到名为"Avid Project"的文件夹。
（4）双击"Avid Project"文件夹，如图 4-1-9 所示。
（5）滚动文件夹，找到自己的项目，如 assembly。
（6）插入 CD 光盘，或 U 盘等。
（7）当外挂盘符显示在桌面上时，把自己的项目拖曳到存储盘上，电脑会把文件复制到存储盘上，如图 4-1-10 所示。

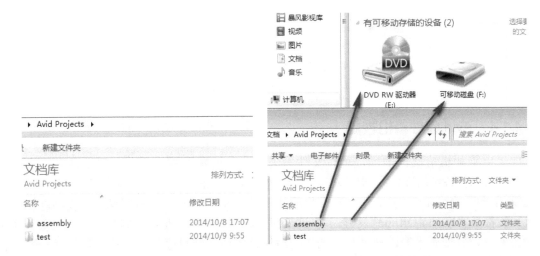

图 4-1-9　Avid Projects 文件夹　　　　　图 4-1-10　备份

181

(8) 如果是光盘，退出前还要刻录。

4.1.3 Avid 软件每日备份

把素材采集到硬盘上后，没有必要多次把文件备份到光盘上——它们是没有变化的。但"Avid Projects"文件夹是应该在每个工作日结束时都做备份的。那是自己剪辑的记录，是自己的创作和辛劳成果，Avid 不知道哪一天就有可能死机了，所以不要冒丢失多日甚至几周的工作成果之危险，记住要"DID——Do it Daily"（每日都要做）。

  经验谈

这项工作说起来容易，但是坚持下来就有些难度，记住每日都要备份。

在剪辑工作每告一个段落时最好都做个备份，并以日期对最新的版本进行重新命名，这样可以很轻松找到哪个版本是最近的。

把所有的项目设置、序列和媒体夹，包括所有的字幕、特技、片段、子片段和音频片段的信息，都复制到备份盘上。打开最近的文件夹，可以看到与项目相关的所有文件都已存到备份盘里，如图 4-1-11 所示。

图 4-1-11 "assembly"文件夹内容

4.1.4 Avid 软件备份恢复

如果电脑死机情况很糟糕，项目文件丢失或严重损坏了，或者有人把项目文件给删除了，此时可以把备份的文件导回电脑中。所要做的就是把备份的 CD 或 U 盘插入电脑，将项目拖曳到 Avid Projects 文件夹里，然后启动 Avid 程序，项目及所有片段信息都没问题，只是所有片段都是"Media Offline"状态，不过重新采集这些片段还是比较容易的。一旦重新采集完片段素材，就如魔术般，与之相关的之前编辑好的所有节目序列看上去和备份时一样。有关重新采集片段素材的内容将在稍后的章节中讲述。

1. Attic

之前在介绍"Settings"设置时,"Bin Settings"是最初解释的设置之一。在上面要设定 Avid 多长时间、什么时候把工作存储到"Attic"文件夹中。之前提到过,这个"Attic"文件夹有点像房子里的阁楼,可以用来存放旧物品,而这里的老物品就是先前的工作版本。如果死机了,或丢失了一个节目序列,或在剪辑过程中某个段落出了什么状况,都可以到这个"Attic"中找回需要的序列所在的媒体夹。

双击打开"Attic"文件夹,再打开自己的项目文件夹,Avid 不仅仅是保存序列,而且保存了媒体夹。

2. 从 Attic 中恢复文件

(1) 关闭项目窗口中所有的媒体夹。

(2) 在 Windows 中,将 Avid 的窗口最小化;在 Mac 上,用"Command+ H"组合键隐藏。

(3) 打开系统硬盘。

(4) 在"Avid Media Composer"文件夹下找到"Avid Attic"文件夹。如图 4-1-12 所示。

(5) 打开。

(6) 滚动窗口,找到自己命名的项目,并打开。

(7) 找到需要的媒体夹。数字最小的(.1)是最早的版本,而数字最大的是最新的版本。

(8) "Ctrl +单击"(Windows),或"Shift+单击"(Mac)选择需要的媒体夹文件。

(9) 在 Windows 中,从"Avid Attic"文件夹中把原媒体文件夹复制到桌面上;对 Mac 用户,按住"Option"的同时把文件拖曳到桌面上。

(10) 从任务栏打开 Avid 程序。

(11) 从文件菜单中选择"打开选择的素材屉",如图 4-1-13 所示,找到从桌面复制的媒体夹文件,单击"打开"命令,如图 4-1-14 所示,找到自己需要的文件。

图 4-1-12　Avid Attic 文件夹

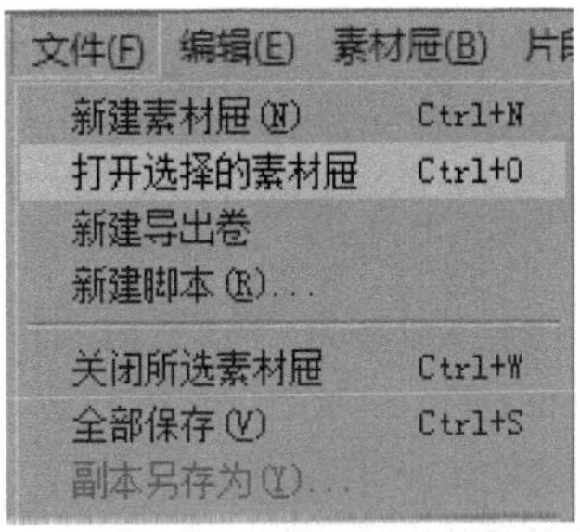

图 4-1-13　打开素材屉

图 4-1-14　选择需要的文件

（12）再创建一个新的媒体夹，命名为"Restore"。

（13）从备份的媒体夹中找到需要的节目序列按"Alt+拖曳"（Windows），或"Option+拖曳"，（Mac 序列），复制到新媒体夹"Restore"中。

（14）此时就完成了从 Attic 的恢复。

经验谈

在 Avid 非线性编辑系统中，由于软件自动分别在系统盘和素材盘都做了备份，因此只要不是系统硬盘和素材硬盘同时损坏的话，我们就有恢复成片的可能。所以在制作节目之前，尤其是制作电影、电视剧等素材量很大的节目之前，我们将准备工作做充分，把系统镜像文件做好，把磁带编好号码，使磁带具有连续时码，定时杀毒和做备份。在后面的编辑制作过程中，我们就基本上没有后顾之忧了。

4.2　Avid Marquee 高级操作

Avid Marquee 是基于 Avid 非线性编辑系统平台设计研发的三维字幕制作软件。它在字幕设计、字幕动画、三维立体字幕制作、排版唱词等方面都有非常强大的功能，赢得了业界的广泛赞誉。在排版唱词方面，Marquee 字幕在 Avid 非线性编辑系统的强大支持下，同样具有高效、便利、稳定的特点，扩展了 Avid 非编软件的字幕功能。在使用该字幕软件进行排版唱词时，首先要对字幕进行设计编排，并严格按照相应的步骤进行。许多 Avid 应用程序都包含 Marquee Title Tool（字幕工具）。

Marquee Title Tool，它是一套从编辑应用程序中开创出来的独立应用程序。这里从以下几方面展开：

- 解释 Marquee 界面
- 制作静态和动态字幕
- 在 Marquee 内进行 3D 制作

● 将字幕保存到编辑应用程序

首先，对 Marquee 进行评述，Marquee 在字幕创作方面的性能要远胜于一些专业软件。Marquee 可以为我们提供一个强大的 3D 领域静态或动态字幕创作环境。它具备众多标准或定制的风格和模板并为动态字幕或其他物体提供属于自己的时间线。此外，还可以添加动态光照效果，所有物体都可以在 3D 空间内进行移动和交叉。Marquee 还可以应用在数字平台上，文件量庞大的图形文件和胶片素材都可以在 Avid 编辑应用程序上进行导入、动态处理和输出。

经验谈

这里仅是对 Marquee 的概述，可以辅助 Marquee 的初期教学。Marquee 的功能并不逊色于 Avid 编辑应用程序或 Adobe Photoshop 在字幕处理方面的功能，它具备更多值得我们进一步探究的广泛功能特性。

4.2.1 开始创作

当我们从 Clip 菜单中选择 New Title（新字幕），或者从 Tools（工具菜单）中选择 Title Tool（字幕工具）之后，便会出现一个对话框，如图 4-2-1 所示，询问是否要使用 Avid Title Tool 或 Marquee。如果你经常使用某种工具的话，就应该选择 Persist（持续）选项，这样即时窗口就不会再出现了。

我们还可以通过 Project Window（项目窗口）内的 Marquee 设置来实现这一操作。

双击设置中的 Marquee Title 选项，如图 4-2-2 所示。弹出如图 4-2-3 所示窗口，选择需要设置的选项。

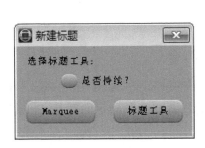

图 4-2-1 选择是否持续选项

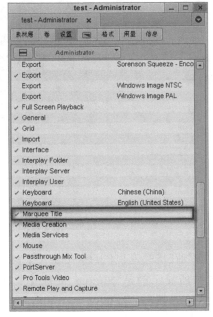

图 4-2-2 双击"Marquee Title"选项

经验谈

如果编辑应用程序处于 Color Correction 颜色校正模式下的话，那么 Marquee 和 Avid Title

Tool 都将无法启用。

启动 Marquee 之后，便会立即打开 Marquee 主窗口，在窗口内还包含许多子窗口（如图 4-2-5 所示）和工具条（如图 4-2-4 所示）。

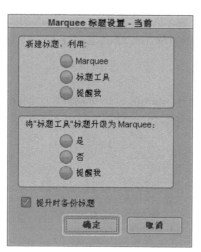

图 4-2-3 设置 Marquee 选项窗口

图 4-2-4 Marquee 工具条

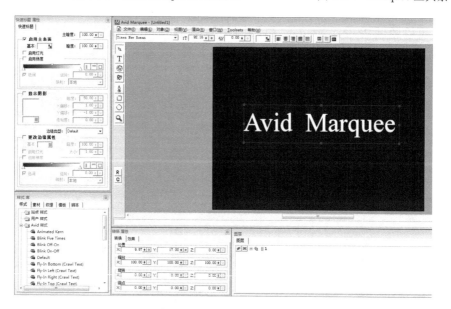

图 4-2-5 Marquee 主窗口

将竖着排列在屏幕左侧的 Toolbox（工具箱）功能按钮，与 Avid Title Tool 中的功能相对比。上面图中所显示的是 Simple 快捷工具箱，而屏幕左侧所显示的则是 Full 完整工具箱（从 View Menu 中选择 Toolbox → Full）。显示在监视器顶部的 Toolbar（工具条），可以为我们提供与动态工具相关的选项（例如：文本选项，如图 4-2-6 所示）。

图 4-2-6 文本选项工具

这里需要强调一点：与 Avid Title Tool 不同 Marquee 的创作背景（监视器）远远超出了 PAL 720*576 像素 SD 601 的标准，物体可以在离开屏幕，而且还可以输入文件较大的图形进行数字平台创作。我们可以使用快捷键 Ctrl+（放大）或 Ctrl+（缩小），来调节预览比例。

经验谈

Marquee 可以自动探测所需画面大小（Frame Size）。

常用工具介绍：

Animation 动画按钮与其他选项一起显示在工具箱中内（参见图 4-2-4）。如果 Animation 按钮处于关闭状态（取消选定），那么所有字幕都将被保存为静态的（也就是说相同的参数将会贯穿于字幕的整个时长）。如果 Animation 按钮处于激活状态，那么我们便可以使用 Marquee 自身的时间线，对字幕和其他 Marquee 对象进行移动、缩放、旋转等动态处理。

选择 T Toolbox 中的 Text 工具，然后点击监视器内部，开始键入操作。字体和大小选项位于监视器上方的工具条内，文本对齐选项也在其内。

使用 Edit 工具（Edit 工具就类似于 Avid Title Tool 中的选择工具），来选择一个目标对象（Bounding Box 显示为红色）。Bounding Box（边界框）既可以比它所包含的文本大，也可以比文本小。将鼠标移到 Bounding Box 的一个角上，稍等一下便会出现可以控制边框大小的黑色箭头工具，然后再进行点击并拖曳。在按下 Shift 键的同时进行拖曳（Shift + drag），可以在缩放 Bounding Box 的同时保持原有比例。

在按下 Alt 键的同时拖曳 Bounding Box 的一角（Shift + drag）可以重新自由定义文本的形状；在按下 Shift 和 Alt 键的同时进行拖曳（Shift+Alt+drag）可以在缩放的同时保持 Bounding Box 和文本的原有比例；在按下 Ctrl 键的同时进行拖曳（Ctrl+drag）可以基于原来的位置，新调整 Bounding Box 的尺寸大小；单纯拖曳 Bounding Box 的一角，可以实现自由缩放。

使用 Rectangle 工具来创建矩形，使用 Ellipse 工具来创建圆形和椭圆，以及通过 Object Menu 来为矩形添加圆角，这些操作方法与 Avid Title Tool 都是一样的。

4.2.2 进入 Avid Marquee 的 3D 空间

1. 旋转工具

在讲解 Avid 3D 效果的时候，向学生们介绍一些 3D 环境是非常有帮助的。重点讲解物体在 XYZ 轴之间移动，以及物体围绕这些轴旋转的不同之处。

当我们在 Avid 3D 效果中进行 3D 控制时，就会涉及 XYZ 平面。X 轴代表水平方向，Y 轴代表垂直方向，Z 轴代表靠近和远离我们视线的方向。这里需要指出的是 工具并不是最终影响字幕效果的因素，它的作用是让你可以从一个不同的视角来查看字幕，这对于检查多个 3D 目标对象的排列是非常有帮助的。

除了在监视器内进行拖曳之外，Transform 窗口也可以对 Position、Scale、Rotation 和 Anchor Point 进行调节，如图 4-2-7 所示。

2. 翻转工具

Tumble Tool（翻转工具）是如何改变整个 3D 环境的视点的。这里一定要强调一下，翻转工具所改变的只是视觉角度，而并非是效果本身。

从 View 菜单中的 Views 内选择 Scene（View menu→Views→Scene），重设一个正常视图。

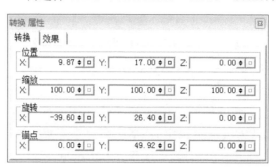

图 4-2-7　"转换属性"对话框

用鼠标单击并上下调节指示器框内的数值（或直接键入数值）。然后单击 □Reset 按钮，这样便可以重设该参数。如果所处理的是动态字幕的话，只要重设置 Active Keyframe 即可。

经验谈

需要指出的是：这里是不能连接参数的，例如 X 和 Y 轴比例。

3. Quick Title 窗口

Quick Title（快速标题）（如图 4-2-8 所示）窗口为规律调节提供大量方便选项的同时，我们也可以在其他 Property 窗口内找到许多别的控制器。这里需要强调的是，这些调节被应用于那些当前由 Edit 工具所选取的某个或多个目标对象上，其中包括针对目标对象（主体表面）和边框（边缘）的色彩、光亮和渐变调节，以及阴影调节，如图 4-2-9 所示。

图 4-2-8　快速标题属性窗口

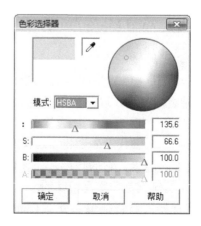

图 4-2-9　"色彩选择器"对话框

Color Pickers（色彩选取器，如右上图所示）可以提供一套色彩版和一个按钮。通过这个按钮可以激活一个色彩选取器，以及可以从监视器中选取色样的 Eyedropper（取色器）。

若要为目标对象添加边框，只要从 Edge 类型菜单中进行选择即可。

4.2.3 保存字幕

File 菜单中 Save、Save As 和 Save to Bin 之间的区别。

选择 Save 或 Save As，将会创建一个 Marquee（.mqp）文件。不会生成媒体，将来还可以.mqp 文件，并应用于后面的制作环节当中。

这些文件的默认存储位置是一个被命名为 Marquee Titles 的文件夹，该文件夹位于 Avid 应用程序文件夹当中。但是，如果采用共享存储的话，建议将这个文件夹创建在 Avid Unity 工作区上。

选择 Save to Bin，将会引发一个画面或多个画面被 Marquee 渲染（会显示出一个进展指示器）。一切就绪之后，便会显示出常规的 Avid Save Title 对话框，在对话框内为字幕选择一个素材屉和媒体驱动器。这样，字幕便会被保存到素材屉中，并被载入到源监视器内。

> **经验谈**
>
> 我们可以一次打开多个 Marquee 字幕，可以通过 Windows 菜单或 File 菜单来选择文件。
>
> 一旦字幕被返回到 Avid，通常情况下它已经被编辑和修改过了。如果一个 Marquee 字幕被修改了（通过 Effect Editor 中的 Other Options 按钮，或在素材屉内按住 Ctrl 键并双击），那么这个字幕便会在 Marquee 内被再次打开。

> **经验谈**
>
> 在进行动态操作之前，制作和保存一个简单的静态 Marquee 字幕。一定要在进行高级技能操作之前，多练习应用一些基础技能。

1. Marquee 模板

演示 Marquee 内的一些典型预制模板，例如：Lower-frame Supers（更低特效）。从 Windows 菜单中选择 Templates，然后点击 Avid Templates。双击模板便可以将其成功加载，很多模板都包含文本占位符，而这些文本占位符是可以替换的。

如果现有的模板被修改了，或者创建了一个新的模板，那么我们就应该选择 Save as，然后导航至 Avid → Avid Application → Marquee → Date → Templates，并将其保存到系统所提供的某个文件夹当中。这样，修改过的模板或是新模板便可以显示在 Marquee Templates 窗口中。这里需要再提一下，模板文件夹可以在 Avid Unity 系统上共享。

2. Autotitler

Autotitler（自动字幕器）功能，先准备一个简单的文本文件，例如：Windows Notepad 或 Apple Text edit。如果每条字幕都需要是一个两行的文本（比如说用于显示名字和职位），那么可以按照所需的样式每组都输入两行文本，并在每组之间设置空行，然后再对这个文本文件进行保存。如图 4-2-10 所示。

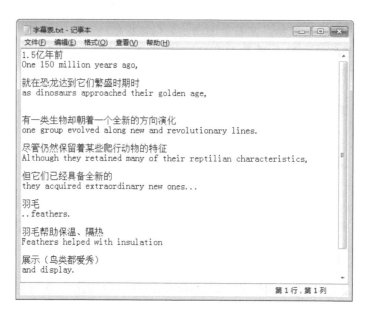

图 4-2-10 字幕表文件

接下来,创建一个与文本文件中字数相同的字幕,并按照所需的位置和样式进行设置(这里将会应用一个模板),如图 4-2-11 所示。

图 4-2-11 创建字幕模板样式

若要命名一个目标文件,首先要在监视器内选择这个目标文件,然后再进行如下操作:选择"Windows → Properties Info"这样便会打开一个功能框,我们可以在这个功能框内对目标文件进行重命名。但是,该命名与你所键入的字幕名称不能是相同的。此外,我们还可以通过选择"Windows → Layers",来显示当前字幕下的全部目标文件(层)。

在文本目标文件被正确命名之后,还要对字幕进行保存(可以将其保存为模板)。

现在,从 File 菜单中选择 Autotitler (自动字幕生成器),如图 4-2-12 所示,并导航至文本文件的存储位置,如图 4-2-13 所示。打开这个文本文件,这样多个具备所需效果的字幕便创建出来了，而且还会显示出一个提示信息，确认这一处理过程已经完成。

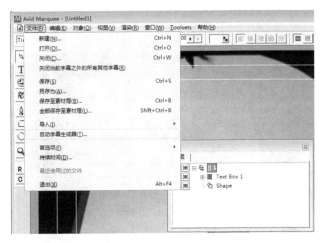

图 4-2-12　选择"自动字幕生成器"命令

我们可以通过 Windows 菜单，在监视器内打开这个字幕，然后再通过 File 菜单将其保存到 Avid 素材屉中。

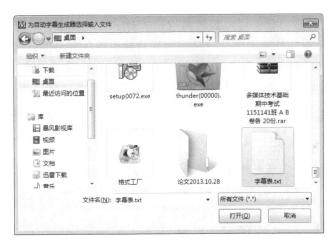

图 4-2-13　选择制作好的字幕文档

4.2.4　滚动和爬行字幕

在工具箱内找到创建 R Rolling（滚动）和 C Crawling（爬行）效果的 R 和 C 按钮。假如再跟随一些基本控制，那么所创建的字幕效果就像是在 Avid Title Tool 内创建的一样。这里还需要向学生们指出一点，那就是：我们不能对 Marquee 的滚动和爬行字幕应用光亮效果，也不能进行 3D 调节。

要制作一个字幕，首先要从文字键入开始（滚动字幕需要用到回车），然后再对文本进行缠绕或滚动处理。

如果需要改变样式（例如：改变字体或颜色），那么在你选中 Marquee 的编辑工具的时候，字幕会暂时性消失。这是因为在 Text 工具被取消选择的同时 Marquee 会显示字幕进入视图前的默认位置。

若要查看字幕的调节效果，可以点击和拖曳监视器右下方的时间指示器，将指示器调整到字幕动作效果内的某一点上，如图 4-2-14 所示。

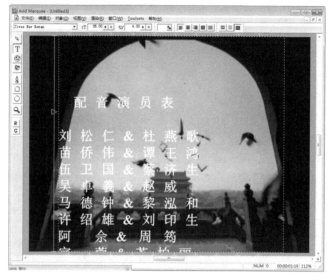

图 4-2-14　上滚字幕

在所有操作完成之后，我们可以按照常规模式对字幕进行保存。这里还需要强调是：通过 Timeline 内标记所需的持续时间，并从源监视器覆盖整个字幕的持续时间，Marquee 滚动和爬行字幕与 Avid Title Tool 所创建的字幕一样都可以被编辑应用到序列当中。

若要对速度进行调节，可以在时间线内调整字幕的末端，然后再按照实际需求进行渲染。

 经验谈

Marquee 滚动和爬行字幕并不是以动画字幕形式进行处理的，因此可以更为快速地被保存到 Avid 当中。

4.2.5　Avid Marquee 字幕加强性能

1．3D 物体

Marquee 可以为我们提供多种改变静态或动态字幕外观效果的方法。例如，效果参数（Windows → Properties → Effect），它可以将一个平面的 2D 物体，挤压成为一个 3D 物体，如图 4-2-15 所示。

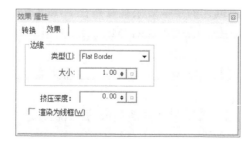

图 4-2-15　效果属性

在 Materials 素材库（如图 4-2-16 所示）中选择素材填充到字幕内，并从诸多预设色彩风格中选择一种。

Textures 纹理库可以提供多种样式的物体填充，如图 4-2-17 所示。使用 Edit 工具选择一个物体，然后双击素材或质地。

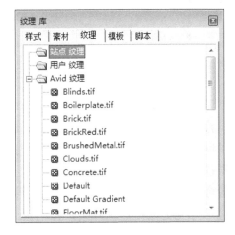

图 4-2-16　素材库　　　　　　　　　　图 4-2-17　纹理库

2．阴影

我们可以通过 Quick Title 窗口，将阴影添加到一个物体上。阴影控制非常简单，但是需要注意的是，当我们进行阴影柔和处理的时候，会降低系统的反应速度，并增加渲染时间。

 经验谈

按照实际需要来设置阴影，并且在字幕保存之前，最好还是关闭 Show Drop Shadow。

3．灯光效果处理

我们可以将不同类型的灯光效果添加到字幕内。如果关闭了灯光效果，那么物体在显示的时候就会失去灯光的衰减，给人一种人工制作，并略显单调的感觉。一旦开启了灯光效果，我们便可以在监视器上看到灯光效果，并可以控制和设置灯光的位置和强度。灯光的类型、色彩、强度和位置全部都是可调节的（而且在动态字幕中还可以随时间进行改变）。

在 Quick Title 窗口内选择 Enable Lighting 启动灯光，便可以激活所选物体的灯光效果。

在对边缘效应（Edge Effects）和一些功能（例如：挤压文本）设置灯光效果时，必须进行单独激活。可以在 Quick Title 窗口内激活边缘效应的灯光效果，而其他灯光特性则只能在 Surface Properties 窗口内进行激活。

在任意属性窗口内进行右键单击操作（Mac 用户采用 Shift + Control + 单击的操作方式），便可以添加一个新的属性标签。

首先，从选择一个或多个物体开始，然后为不同表面激活灯光效果。"灯光属性"对话框如图 4-2-19 所示。

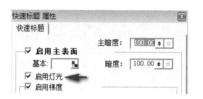

图 4-2-18 快速标题属性启动灯光

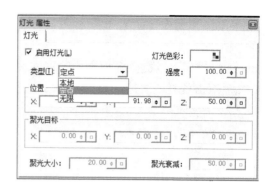

图 4-2-19 "灯光属性"对话框

通过点击工具箱内的 Lighting 按钮，来首次调节默认的灯光效果。而其余的灯光效果，则可以采用在监视器上右键单击一处灯光的方法，进行添加。

无限：灯光是无限延伸的（就像阳光一样）。因此，当这种灯光样式应用到物体上时，光源的位置会发生变化，但是物体是被均匀照射的。如图 4-2-20 所示。

本地：灯光更像是点源效果，移动定点光效，将会显著影响物体的高光和阴影部分，如图 4-2-21 所示。

定点：灯光可以投射出圆锥形光线，投射的角度以及光线衰减都是可调节的。如图 4-2-22 所示。

图 4-2-20 无限灯光效果

图 4-2-21 本地灯光效果

图 4-2-22 定点灯光效果

经验谈

灯光效果可以是动态的，再次强调一下，灯光效果是与物体的细节紧密关联的，因此在调节灯光效果前，一定要先选定一个目标对象。

4．动态字幕

所有字幕属性都可以随着时间进行变换。我们可以通过 Timeline 窗口或选择使用动画 Toolsets 来制作动态字幕。如果想让一段字幕动起来，可以点击 Toolbox 顶部的 Animation 按钮，选择基本动画或专家动画命令，如图 4-2-23 所示，记录动画模式按钮如图 4-2-24 所示。

图 4-2-23　定点灯光效果

图 4-2-24　记录动画模式

动态字幕的默认持续时间值为 5 秒钟，可以提供通过：File → Duration or File 或者 File → Preferences > Current Title 的功能操作（图 4-2-25 所示），来改变动态字幕的持续时间。这里需要强调一下，用户应该将动画持续时间设置得稍长于实际动画时间长度，或者相继延长渲染时间。

经验谈

如果要在字幕的末端生成一个控制延续效果，那么最简单的方式就是保存一个较短的动画，然后以静态字幕形式对最后一帧画面进行渲染。我们可

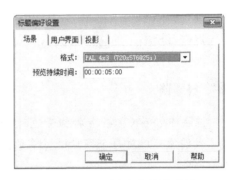

图 4-2-25　更改字幕持续时间

以通过在 Marquee Save 对话框内选择渲染当前帧（如图 4-2-26 所示），来完成这项操作。

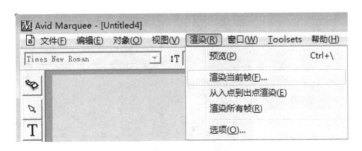

图 4-2-26　渲染当前帧

首先，从显示一个简单的动画开始，在启用动画按钮的情况下，移到时间线上的一点，并改变它的属性设置。然后，再按照制作需求来添加关键帧。比如对文本区应用动画色彩变换效果，或者对跟踪参数应用动画效果，这样便可以组合出最终的字幕效果。

经验谈

先制作一个简单的字幕动画效果，然后在此基础上应用关键帧。

5. 高级动画技巧

字幕当中的每个目标对象，都以一个层的形式显示在时间线内。如图 4-2-27 所示。

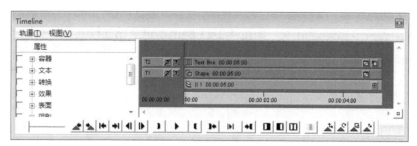

图 4-2-27 动画模式时间线

如果想显示字幕中的单独元素，可以点击轨道最右侧的 Expand（扩展）按钮。点击文本对象层上的 Expand 按钮，字幕内的每个单独字母都将会显示出来，这样便可以对它们进行动画效果操作。

点击每层右端的 Property Curve（属性曲线）按钮都会打开一个窗口，这个窗口可以显示动画属性关键帧。

经验谈

点击 Property Curve 按钮旁边的 Expand 按钮，将会分别打开字幕中每个字母的轨道。这样，我们便可以对每个字母进行单独操作，但是这样操作也可能会给学生们增添一些不必要的复杂性。

如果想隐藏目标项内的元素，可以点击 Collapse 按钮。

如果一些关键帧在层的上方或下方，超出了显示区域，那么我们可以使用光标键来调节显示，如图 4-2-28 所示。

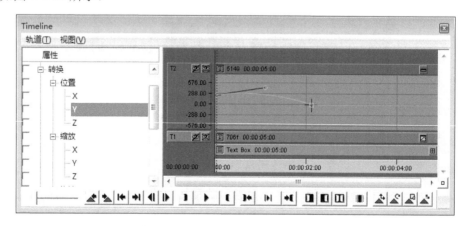

图 4-2-28 时间线显示具体参数调节

可以通过时间线左侧的 Properties 窗口，来选择要显示的曲线。对于大多数道具来说，曲线和关键帧都是有效的。同样道理，并不是所有道具都能进行关键帧设置。点击并打开一个道具，然后将参数设置为显示。被选中的关键帧显示为一个实心的方块，未被选中的关键帧则显示为一个方框。

> **经验谈**
>
> 演示这项功能的时候，一定要注意一次只打开一个或两个轨道，否则显示就会过于复杂，不利于理解。

所选道具会在时间线上显示自己的关键帧和曲线。曲线的编码颜色分别为

红色=X；绿色=Y；蓝色=Z。

通过在时间线内进行右键点击，可以将其他关键帧添加到激活的曲线当中。而右键点击和选择 Curve Type，则可以设置内插特性。动态曲线可以被设置为：Hold，Linear，Bezier，B-Spline 或 Cardinal。

Linear 曲线更像是 Effect Editor 内的标准 Avid 路径，根据关键帧的插值，在关键帧之间产生直线路径。

将关键帧设置为 Hold，可以保持一个关键帧数值不变，直到下一个关键帧数值才会发生变化。

可以使用每个关键帧上的控制手柄，来编辑 Bezier 曲线。如果控制手柄没有显示，可以通过 Alt/Option ＋ Click 然后再拖离这个所选关键帧的方式，来添加一个控制手柄。

> **经验谈**
>
> 如果已经掌握了如何在 Avid 内使用高级关键帧，有必要的话，再进行一下对比演示。

Smooth Curve 选项（在曲线中进行右键点击）可以添加 Bezier 控制手柄，并自动平滑路径（还可以进行进一步调节）。此外，还可以选择作用于当前所选关键帧或整个曲线。

Ease In（潜入）显著平滑从当前所选关键帧到下一关键帧的转变效果。

Ease Out（潜出）显著平滑从前一个关键帧到当前所选关键帧的转变效果。

通过右键点击菜单，我们还可以选择对当前或所有曲线进行重设，并从一个曲线内复制并粘贴关键帧到另一个曲线当中。这里要强调一点，位置曲线的动态数值要与比例曲线上的动态数值相匹配。

> **经验谈**
>
> 可以像在 AVID 编辑应用程序里一样，在 Marquee 内复制和粘贴单个关键帧参数。

6．渲染和保存动画

Marquee 在 Field Level 保存和渲染动画。通常情况下，Marquee 被首次启用时加载的都是准确的设置。检查和调节设置（File → Preferences → Current Tile）是非常有必要的。Upper Field 适用于除 DV 之外的所有 PAL 素材，Lower Field 适用于除 DV 之外的所有 NTSC 素材使用 Lower Field 来处理 DV 素材。

若要保存一个动画效果字幕，可以使用 File 菜单内的 Save to Avid Bin 命令。Marquee 将会把画面渲染输出到一个临时的文件夹，而在此之后，Avid 应用程序中便会显示出一个 Save Title 对话框。

> **经验谈**

尽可能制作一个较短的动画，然后将最后一帧（或第一帧）以静态字幕形式进行保存。使用 Current Frame only 选项来完成这项操作。

4.3 Avid 修剪（Trim）

剪辑时经常会碰到这样的问题，一个镜头用多长?有些时候，一个镜头该用多长是显而易见的，如果这个镜头是一个特定的动作，那就应该保留这个镜头直到动作的结束。还有一些主观镜头和空镜头，就需要凭感觉和经验，先按照自己的感觉剪接完一个镜头，然后回放观看。再看一次，开始注意时间——这个镜头太快了吗？还是太慢了？有点莫名其妙？是增强这场戏的力度，还是相反？然后可以试着延长或缩短这个镜头，直到它变得更合适。

Avid 提供了一个特殊的功能叫"修剪模式"（Trim），在修剪模式下，剪辑师能很方便、快捷地延长或缩短序列中的镜头。它不但能轻松改变镜头的长度，还能在观看的过程中完成镜头长度的修剪。

4.3.1 修剪模式

Avid 大部分的剪辑工作都在时间线上完成，对修剪模式来说尤其如此。修剪在过渡点上进行，也有些剪辑师称之为剪辑点，在时间线上就是那根表示一个镜头结束、下一个镜头开始的细线。

1. 进入修剪模式

要进入修剪模式，可先用光标在需要作处理的剪辑点（或过渡点）附近点击一下，然后单击键盘上的"修剪模式"键。这个功能很有用，所以在时间线工具栏中也有，如图 4-3-1 所示。

图 4-3-1 时间线上修剪模式按钮

剪辑师通常会将一个过渡点的两侧分别称为 A 侧和 B 侧，而 A 侧表示将消失（输出）的镜头。而 B 侧则表示将要出现（输入）的镜头。当前的序列中有两个演员，可以将镜头 1 放在 A 侧，而将镜头 2 放在 B 侧。

执行修剪模式命令后有两个变化。① "Avid Media Composer"窗口将变成分屏显示，窗口下的工具栏出现一组不同的工具按钮。在分屏中显示的是 A 侧片段镜头 1 的最后一帧画面和 B 侧片段镜头 2 的第一帧画面。② 在时间线上该过渡点的两侧出现了彩色滚轮符号，这就是修剪模式显示。

2. 框选过渡点

框选过渡点是一个快速进入修剪模式的办法，用鼠标单击时间线轨道过渡点左上方的灰色区域，并按住鼠标从左上到右下方框选所有轨道上的过渡点，如图 4-3-2 所示，释放鼠标即可进入修剪模式，如图 4-3-3 所示。框选过渡点的方式是最快捷的，因为它不需要去提前选中轨道，同样也可以从过渡点右上方划向左下方来框选过渡点，左手剪辑师可能更喜欢这种方式。

图 4-3-2　框选过渡点　　　图 4-3-3　框选过渡点效果

3．退出修剪模式
下面几种方法都可以退出修剪模式：
（1）单击任何一个逐帧走按键（即键盘上的左右箭头按键）。
（2）再次单击修剪模式按钮。
（3）用鼠标单击时间线底部的时码轨道（TC1）。

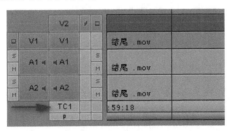

图 4-3-4　时间线底部的时码轨道 TC1

经验谈

影视制作过程中，操作习惯很重要，习惯点击时码轨来退出修剪模式，通常会单击过渡点的左侧，位置光标将跳到点击的位置，这样方便观看过渡点修剪后的效果。

4．双滚轮修剪模式
双滚轮修剪是默认的修剪模式，点击修剪按钮或框选过渡点后将进入这种模式。
在双滚轮修剪模式下：
（1）整个序列的总长度将保持不变。
（2）延长 A 侧片段的同时将缩短 B 侧片段。
（3）缩短 A 侧片段的同时将延长 B 侧片段。
镜头 1 被延长了，而镜头 2 被剪短了。如果镜头 1 被延长了 40 帧画面，镜头 2 将同样被剪短了 40 帧。

提示

① 修剪按钮。显示的是几个修剪按钮，"<"和">"键是单帧修剪按钮，每次将修剪一帧，而"《"和"》"键每次会修剪 10 帧。
② 循环播放。当切换到修剪模式后，播放按钮就变为 循环播放状态，单击这个按钮可以循环播放过渡点的内容，再按一次停止播放。

5．拖曳修剪
在修剪模式下可以不使用修剪按钮，而是直接将过渡点上的滚轴向左或向右拖曳。试试这种方式，它虽然不如使用修剪按钮那样精确，但更加直观清晰。如果拖曳得太快并到了某一镜头的尽头，系统会发出"哗"的警告声，并显示一个小的红色标识，提示镜头已到头，不能再往该方向拖曳了。

6．单滚轮修剪模式

虽说双滚轮修剪是默认模式，但单滚轮修剪模式更加常用，与双滚轮修剪相比，单滚轮修剪模式有如下特点：

（1）序列的总长度要发生变化。

（2）可单独延长或缩短 A 侧片段。

（3）可单独延长或缩短 B 侧片段。

现在让我们来试试单滚轮修剪。

如图 4-3-5 所示，在进入单滚轮修剪模式后，只能看到一排滚轮出现在过渡点的一侧。在这个例子中，滚轮处于 A 侧片段镜头 1 的结尾处，处于 B 侧片段镜头 2 的开头处。

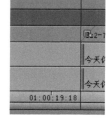

图 4-3-5　单滚轮修剪

经验谈

双滚轮修剪的主要目的就是完成重叠剪辑，而单滚轮修剪则是为了调整镜头的长度。

修剪模式下照样可进行撤销操作和重作操作。点击">"键之后，如果希望返回初始位置，可按下"Ctrl+Z"组合键来实现撤销操作。如果做了多次修剪操作，可执行多次撤销操作，直到回到初始状态。

4.3.2　高级修剪模式

理解了基本修剪操作，我们希望工作起来更快捷、更精确，下面介绍几个高级修剪技巧。

1．边观看边修剪

观看在剪辑的各个阶段都扮演着重要的角色。在观看的同时完成修剪操作也是一个非常简单而有效的技巧，此时用到的不是修剪模式显示窗口上的修剪按钮，而是键盘上的按键。键盘上的修剪按键与修剪模式显示窗口中的一样。修剪时，先按下回放过渡点 按钮，在观看播放过渡点内容的同时，用手指操作键盘上的修剪按键。这样边观看边修剪，直到把镜头调整好。

2．声画重叠剪辑

当剪辑的画面和声音结束时，完成了硬切操作，当插入下一个镜头时也是硬切。但在许多情况下，最佳的画面剪辑点并不一定是声音的最佳剪辑点。当一个画面和它的声音有不同的剪辑点时，我们就称其为"重叠剪辑"（Overlap Cut）。有些剪辑师们也将重叠剪辑称为"L型剪接"（L-cuts）。

假设两个镜头剪辑在一起时，声音从一个人说话到另一个人说话还挺流畅，但画面的剪接不是很令人满意，这需要做一个 L 型剪接，此时双滚轮修剪就能完成。

比如两个镜头是镜头 1 中 A 说完话了，镜头 2 中 B 正准备开始讲话，现在打算缩短 30 帧镜头 1 中 A 的画面，而用镜头 2 中 B 的画面来替代，并且保持声音不变。

操作步骤：

(1)用鼠标框选剪接点上的视频轨道，V1 轨道进入双滚轮修剪模式，但音频轨道没有。
(2)如果不小心音频轨道也进入了修剪模式，可单击轨道选择器将其退出修剪模式。
(3)向左侧拖曳滚轮 30 帧，或按"《"键三次。
(4)单击回放过渡点按钮来查看结果。

完成上面的重叠剪辑后，结果是 A 在说话，在 A 说完之前，我们看到了 B 正在听她讲话，然后才是 B 开口说话。B 的画面就重叠在 A 的声音上。

3．去除声画重叠

在做完一个重叠剪辑后，也许会发现齐整剪辑更合适。这时有一个非常简单的方法可将其恢复到齐整剪辑，按住 Command/Ctrl 键的同时拖曳滚轴，如图 4-3-6 所示。

(1)进入修剪模式。
(2)选中被重叠的轨道，但不选择已经是齐整剪辑的轨道。
(3)按住 Command/Ctrl 键将滚轮往向齐整剪辑点方向拖曳，将各自动滚轮锁定到该剪辑点位里。

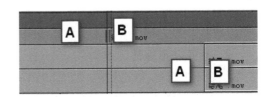

图 4-3-6　L 型剪接

需要注意的地方：进行重叠操作时，必须使用双滚轮修剪模式。因为重叠剪辑只作用于某些轨道而不是所有的轨道上，双滚轮修剪模式能保证声画的同步性。如果在部分轨道上进行单滚轮修剪操作，将立刻造成声画同步错位。

4.4　Avid 声音处理

许多电视和电影工作者都深深意识到声音对影片成功的重要性。在多数电影或电视节目中，拍摄时唯一要关注的声音就是同期声——拍摄对象所说的话。一个好的学生录音师要努力不录下周围环境的交通、背景的人、脚步等声音。虽说环境声很重要，但需要在剪辑时再加上去。

影视艺术作品中的声音已经不仅仅是代替字幕、代替现场乐队的作用，声音已经成为影视艺术语言中不可或缺的重要元素。

Avid 是由于其画面剪辑处理而闻名的，但那只说对了一半。Avid 可以对声音进行大量的处理。大家要好好利用这一功能，这将对影片的成功带来巨大的变化。

4.4.1　轨道监听器

在轨道选择器旁边有一个小的喇叭状图标，这就是"轨道监听器"（Track Monitor），显示哪个轨道正被监听。点击轨道监听器，图标会消失，表明从该轨道上听不到任何声音。要恢复此图标，再单击一次轨道监听器，图标就显示出来了。

1. 只监听一个轨道

倘若监听的有八个声轨，现在听到一声噪声，但不知道在哪一轨上，或许问题是在解说轨 A1 上，但不确定。此时可以单独监听 A1 轨，而关掉其他声轨的监听。然而这一共有八轨音频，一个个去关闭显得比较麻烦。有一个更快的方法来只监听一个轨道（即"单独播放"（solo）某一轨道）。

图 4-4-1　单击 A1，监听 A2 音频轨道前后

（1）按住"Command"键（Mac）或"Ctrl"键（Windows），单击轨道监听器。监听器的方框变成绿色，说明只有这一轨道是在打开状态，其他声轨都关闭了。

（2）要恢复监听所有声轨，只要单击该轨道监听器，就会关掉单独播放。

> **经验谈**
>
> "Command/Ctrl + 单击"多个轨道可以单独播放多个声轨。

2. 音频轨道静音

想要不监听哪个音频轨，只需点击一下时间线轨道M按钮，如图 4-4-3 中 A1 右侧的M键，那么此时就是监听除A1 轨道以外的音频轨道。

图 4-4-2　单独监听（独奏）A1 音频轨道　　图 4-4-3　音频 A1 轨道静音

3. 音频读取

"读取"（scrub）音频是关注某一特定音频的一种技术。有两种类型的音频读取：平滑音频读取和数字音频读取。平滑音频读取很简单：

按住"L"键（前进）的同时按下"K"键（暂停），可以听到声轨上的声音慢放。后退也可以，用的是"J"键（后退）。

数字音频读取对一帧声音进行抽样。由于是抽样，所以音调和速度没有改变。

（1）选择需要读取的声轨。

（2）按下"Caps Lock"键，或按住"Shift"键。

（3）单击逐帧前进或逐帧后退按钮来逐帧前进或后退，也可以向前或向后拖曳位置光标，如图 4-4-4 所示。

在寻找某一特定声音作为剪辑点时，这个功能可以帮上大忙。比如说要在时间线上找到铁锤敲打钉子的第一帧，可以按下"Caps Lock"键，然

图 4-4-4　逐帧播放

后按逐帧前进按钮（假设还有 5 帧的距离），前进，前进，前进，前进，前进，听见一声"咚"，就是这里了。

4. 添加音频轨道

在较大的剪辑工作中，可能需要给节目序列添加声效和音乐，这些声音需要其独立的音频轨道，不能把它们与同期对话声轨混在一起。要创建新的轨道：从"Clip"菜单中选择

"New Audio Track"（添加音频轨），如图 4-4-5 所示，或者按 "Command + U" 键（Mac），或 "Ctrl +U" 键（Windows）。

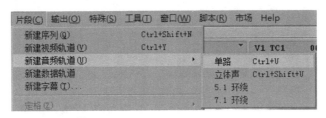

图 4-4-5　新建音频轨道

5．滚动轨道

如果时间线上有多个轨道但不能将它们全部显示出来时，在时间线右侧就会出现一个滚动条，可以上下滚动来查看不同轨道。通常暂时不用的轨道缩小，这样不用滚动也可以看到更多的轨道。

6．连接音频轨道

插入或覆盖一个视频镜头时。通常是加到 V1 轨道上，而同期声——就是与视频在一起的声音通常被加到 A1 轨，如果是立体声，就加到 A1 和 A2 轨。现在要加入音乐或声效，但不希望加到 A1 或 A2 轨上，以免覆盖掉同期声。音乐、声效和解说是其他的声音元素，需要加到别的音频轨道上。

假设有一段立体声音乐需要加到场景中，希望在对话声下播放，就需要创建两个新的音频轨道 A3 和 A4，然后把音频连接到这两个轨道来。当在源监视器上打开一个音乐片段时，源轨道的 A1 和 A2 显示在时间线上，与记录轨道 A1，A2 平行，如图 4-4-6 所示。

此时如果往 A1、A2 轨道上插入音乐，会造成对话声音不同步；而如果使用覆盖剪辑，将抹掉那些对话。所以需要创建两个额外的轨道 A3 和 A4，连接好轨道，把音乐剪辑到这两个轨道上。

图 4-4-6　左侧源轨道，右侧记录轨道

要连接轨道，单击第一个希望连接的轨道并按住不动，在这里是源轨道 A2。然后按住鼠标从源轨道 A2 上拖曳到记录轨道 A4 上。在按住鼠标拖曳时，出现一条白色的箭头指向 A4，如图 4-4-7 所示，松开鼠标之后，源轨道（A2）就向下移动到记录轨道 A4 一侧，如图 4-4-8 所示。

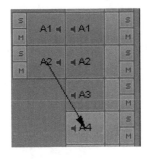 

图 4-4-7　源轨道 A2 拖曳到记录轨道 A4 过程　　图 4-4-8　源轨道 A2 拖曳到记录轨道 A4 后

对 A1 轨进行相同的处理，把它移到 A3 轨道上，操作过程和效果如图 4-4-9 所示。这

样，当进行插入或覆盖剪辑时，音乐就到了 A3 和 A4 轨，而不是 A1 和 A2 轨。

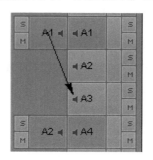 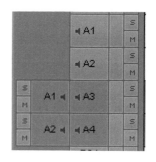

图 4-4-9　源轨道 A1 拖曳到记录轨道 A3 操作和过程

4.4.2　调整音频电平

采集音频时，声音电平并不总是完美的。剪辑时经常需要提高或降低声音电平，在添加音频轨和合成几个声音在一起时，调节音频电平就显得尤为重要了。影片中是不希望音乐盖过演员的声音，也不希望因为声效过大，造成解说的声音听不清等。Avid 提供的好几个工具，可以用来控制轨道上的声音电平，让它们和谐地混合在一起。

1．处理输出电平

在调整任何电平之前，先来看看输出设置是否正确。从音箱输出声音有可能设置得太低了，这种情况在 Mac 平台上经常发生，因为 Mac 的音量控制是在键盘上的，有时会干扰 Avid 的输出设置，通常是比希望的要低很多。以下是如何设置和检测输出电平：

（1）在项目窗口中单击"Setting"标签。

（2）双击"Audio Project"（音频项目），如图 4-4-10 所示。

（3）在打开的对话框中，单击"Output"（输出）标签，进行设置。

图 4-4-10　设置"Audio Project"音频项目

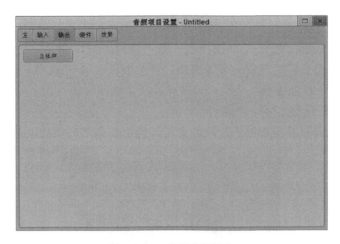

图 4-4-11　设置音频输出

（4）把"Master Volume"（主音量）的滑块调整到与"output Gain"（输出增益）滑块水平的位置。

（5）关闭对话窗口。

在对音频作调整之前一定要检查输出设置，把音箱或耳机上的音量调整到同一电平，这样就不至于调整了半天结果却都错了。

2．音频调音台

首先用 Audio Mixer"调音台"（图）调整音量。从"Tool"菜单中打开混音器，如图 4-4-12 所示，打开混音器面板，如图 4-4-13 所示。

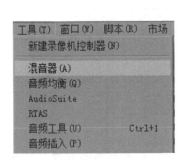

图 4-4-12　打开混音器命令　　　　　图 4-4-13　混音器面板

"Audio Mixer"调音台有两种调节模式。第一种叫"Clip Gain Mode"，（片段增益模式），用来提高或降低时间线上片段的音量，或改变时间线上片段的声相。第二种叫"Automation

Gain Mode"（自动增益模式），可以记录下电平和声相的调整。这两种模式中，最常用的是从"Tools"菜单打开"Audio Mixer"时的模式，即"片段增益"模式。此时的工具窗口看上去就像一个调音台，每个音频轨道都有音量滑块。在图中只有 4 个轨道，如果有 8 轨音频，可以单击"Mix Panes"（混合显示）按钮。来选择显示4轨或8轨。为了显示方便，可以保持在4轨道显示模式，然后调整这 4 个声轨。

调音台工具可以调整源监视器上片段的音量，也可以调节时间线上片段的电平。

图 4-4-14　片段增益模式下的调音台工具

- 要调节一个片段的音量，将其在源监视器中打开，然后上下调整滑块。
- 要调整时间线上一个片段的音量，单击时间线（或记录监视器），把位置光标停在需要调整的地方，然后就上下调节滑块来调整电平。

通常是把片段剪辑到节目序列上之后才调整其声音电平。多数情况下，采集进来的声音电平还是可以的，我要调整的唯一原因，就是从整个节目序列出发，让某段声音与其他轨道的声音有机混合在一起。在调整一个片段的音量之前，需要看看它如何与其他片段搭配。我在源监视器上也调整片段的音量，不过那是从 CD 光盘上导入的声音。有些声音太大了，在剪进时间线之前需要做些调整。

在时间线上调整片段，要注意的是，调整只对位置光标所在的片段起作用，整个轨道是不会因此而受影响的。停下来想一想，这也不无道理，因为有时要把一个人的音量提起来，而保持另一个人的声音不变。

3. 音频调音台与音频工具

打开音频调音台与音频工具，这样在调整的过程由可以监看音频的电平。从"Tool"菜单中把两个工具都打开，摆放在显示屏上方便的地方。如果喜欢自己的摆放，可以在"Toolset"菜单中选择"Save Current"（保存当前），下次再从"Toolset"菜单中选择"Audio Editing"（剪辑音频）时，这两个工具就会同时打开。

第 4 章 Avid 高级操作

经验谈

有几个方法可以加快调整处理。比如，A1 和 A2 是立体声的解说声轨，现在需要同时把它们调小声一点。可以单击 A1 和 A2 声轨的关联按钮（按钮会变成亮绿色），只要调整其中一个声轨的滑块，另一个声轨的滑块也随之上下调整。再比如，现在需要恢复到 0dB，拖曳滑块到 0dB 也没什么问题，只是需要点时间。不过按住"Option"键（Mac）或"Alt"键（Windows），然后单击一下滑块，电平就会跳回到 0dB。

4．声相

每一轨道底部的窗口用于调整音频的声相。当有多于一个声道的声音从多于一个的音箱播放时，调整声相就是要决定从左声道音箱播放的声音是多少，而从右声道音箱出去的声音又是多少，有多少是在中间的（两个音箱一样多）。要设置声相，在此小窗口里单击一下，会显示一个水平的滑块，左右拖动滑块即可，如图 4-4-15 所示。

"Option+单击"（Mac）或"Alt+单击"（Windows）声相按钮，声相就会跳到"MID"就是中间声相的位置。

5．片段音频增益

用调音台调整时间线上片段的音量时，Avid 可以图形化地显示每个片段上的 dB 值。这种时间线的显示称为"Audio Clip Gain"（片段音频增益），是可以从时间线的快捷菜单中选择到的。"Audio Clip Gain"还可以显示哪些片段作了调整，哪些还没有。

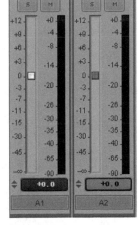

图 4-4-15　上下滑动滑块

在时间线上选中希望了解的轨道，从时间线的快捷菜单中选择"素材片段增益"，如图 4-4-16 所示，时间线上显现的水平线提示该片段已经被调整过了。

选中一个声轨再按下"Command+L"（Mac）或"Ctrl+L"（Windows）键，或者用鼠标拖曳，就可以放大该声轨，从中可以看到 dB 参考线，如图 4-4-17 所示。通常是在做重要的声音调移时，把轨道放大到这种程度，这样可以看到调整的结果与 0dB 线的关系。

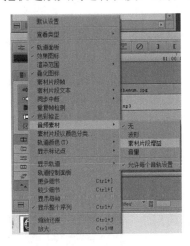

图 4-4-16　素材片段增益

图 4-4-17　片段音频增益

6. 调节多个片段的音量和声相

一般情况下是希望把整个序列的声相或音量进行调整，或者调整序列的一部分。而不希望逐个片段来调整。打开调音台工具，对时间线上序列的一段进行声相或音量的调整：

（1）选中一个轨道。

（2）在该段落的第一个片段内标记入点，在最后一个片段设置出点。

（3）单击调音台工具上该声轨的轨道按钮。

（4）如果要调整多个声道，可以单击每个声道的轨道按钮以及关联按钮，使轨道关联起来。

（5）上下调节音量滑块，或声相滑块。

（6）从调音台工具的快捷菜单中向下选择"Set Lever On Track-In/Out"（设置轨道入出点之间的电平）或"Set Pan On Track-In/Out"（设置轨道入出点之间的声相）。

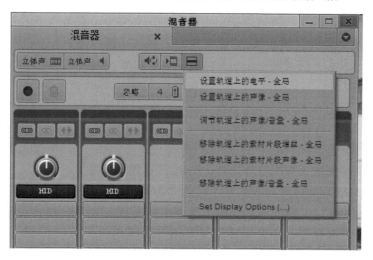

图 4-4-18　设置轨道上的电平

如果希望调节整个轨道，而不仅仅是设置标记点的段落，那就不用设置任何标记点，按照以下步骤进行：

（1）选中一个轨道。

（2）清除入点和出点。

（3）单击调音台工具上该声轨的轨道按钮。

（4）如果要调整多个声道，可以单击每个声道的轨道按钮以及关联按钮，使轨道关联起来。

（5）上下调节音量滑块，或声相滑块。

（6）从调音台工具的快捷菜单中选择"Set level On-Global"（设置轨道的电平-全局）或"Set Pan On Track-Global"（设置轨道上的声像-全局）。如图 4-4-18 所示。

使用"Audio Mixer Tool"调音台工具时要注意这个地方，对话或解说的声像标准是在中间，Avid 允许在采集这些素材前设置好声相。在项目窗口中选择"Settings"。设置列表的第一个是"Audio"（音频）。双击打开它，选择其中的"All Tracks Centered"（所有轨道声相居中）。

调音台工具可以一起调节所有片段或大段落的音频，同时 Avid 还提供另一个工具，叫"Audio Auto Gain"音频自动增益，用来调节音频。使用它，可以在同一个片段上进行多种音量的调节。

4.4.3 调整 EQ 均衡

在大多数混音台上都有一些按钮，用来提升或衰减不同的频率（低频、中频或高频），以改变或改善声音信号。对频率的调整就是 EQ 均衡。比如，一个声音听起来太低沉了，可以把低频衰减一些，同时提升中间片段。

Avid 有一个可以进行这样处理的工具，就是"Tools"菜单里的"EQ Tool"。EQ 工具处理的是时间线上的片段。从"Tools"菜单里选择"Audio EQ Tool"（音频 EQ 工具）会打开一个窗口。

1．设置 EQ

工具上的滑块可以用来强化（提升）或衰减（降低）声音低频段、中频段或高频段的频率。水平的滑块可以调节参数曲线的位置和形状，调整它可以设置最需要提升或减弱的频率，并从 EQ 参数曲线图上看到相应变化，如图 4-4-19 所示。

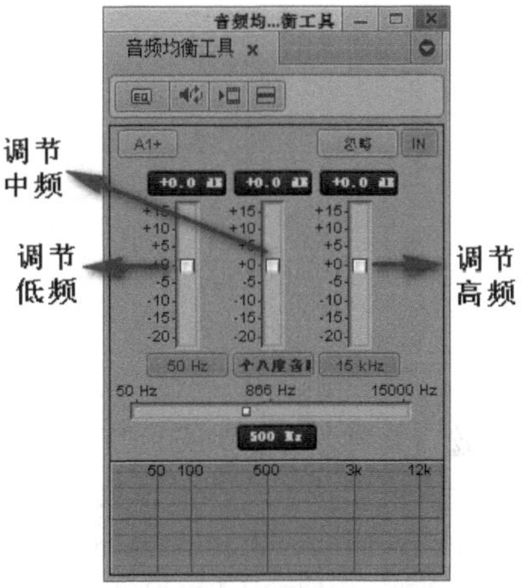

音频循环播放按钮可以连续循环播放声音，以监听调节滑块时声音的变化。还有一个"In"（直接插入）按钮，可以关掉 EQ 效果，来与原声比较，看看调整的效果是否满意。单击一次按钮会变成灰色，说明没有进行 EQ 调整；再单击一次，按钮变成黄色，说明加上了 EQ 效果。

图 4-4-19　音频均衡工具

2．添加 EQ 的步骤

① 选择需要调整的轨道。

② 如果是一个片段，把位置光标停在一面。

③ 拖曳滑块来选择频率。

④ 单击循环播放按钮来监听变化。

如果是一个片段，处理完成后，在轨道上会出现一个 EQ 图标，如图 4-4-20 所示。

如果是几个片段：

① 设置入点和出点，把需要调整的段落标示出来。

② 当调节好后，从 EQ 的快捷菜单中选择"Set EQ In /Out"（在入点和出点之间设置 EQ）。

要删除 EQ 效果，可以用快捷命令面板上的删除特技按钮。单击时间线上的 EQ 效果，然后按下删除特技按钮，如图 4-4-21 所示。

图 4-4-20　添加 EQ 效果　　　　图 4-4-21　删除特技按钮

3．EQ 模板

Avid 提供了一些 EQ 模板，可以用来处理常见的音频问题。这些 EQ 模板可以调用，但不能进行调整。

① 把位置光标停在时间线上需要调整的音频片段上。

② 从 EQ 快捷菜单中选择一个 EQ 模板（图 4-4-22），EQ 效果就添加到该片段上。

图 4-4-22　EQ 模板

调节声音的 EQ 的一个好方法就是观察不同 EQ 模板的 EQ 参数曲线图，看看哪些频段被提升或被衰减了，留意参数曲线的中心点在哪个频率。这些 EQ 模板能解决平时所遇到的大部分声音问题，可以作为处理声音问题的起点。虽然不能对其进行调整，但可以重新调节出这些效果，并根据实际的声音问题，再进行调整。

4．保存 EQ 效果

EQ 效果可以保存起来，以便将来再调用。比如，为了处理人物变声的声音问题，设置出自己希望的效果，之后就可以单击 EQ 图标按钮并把它拖曳到保存它的媒体夹中，执行起来很容易。把 EQ 效果放到媒体夹后，就可以给它命名。

以后把该效果从媒体夹拖曳到时间线上的其他片段中，它们就有了相同的 EQ 效果。

图 4-4-23　把 EQ 图标拖曳到媒体夹中

在剪辑时，尽量把正常的对话音量控制在-30dB～-14dB（数字值）之间，响的声音可以再大些，最高音或重击声可以到-4dB，但不会让声音电平超过这个值。所以实践中，可以把一般的声音调到参考电平值，让大的声音有往上的空间，但不要让任何声音高过-4dB。

4.5　AVX 视频效果插件

AVX（Avid Video extensions Avid 视频扩展）插件界面早已成为 Avid 软件的一部分。

AVX 插件于 1998 年问世，但是在相当长的时间里，这个插件被归属到软件的外部设备，而且仅被少数 Avid 编辑人员所使用。但是现在，AVX 插件作为效果系统的一个非常重要的基本组成部分，已经获得了广大使用者更为广泛的认可。

许多 AVX 插件都是非实时效果，依靠计算机处理器的强大性能来进行渲染处理的。与使用内置效果相比，使用蓝点 AVX 插件就意味着更慢的处理速度和更多的渲染。

虽然 AVX 插件会在时间方面给使用者带来损耗，但是实际上它却从很多其他方面做出了弥补和平衡。AVX 插件扩展了 Avid 编辑软件的效果性能，实现了在时间线上进行效果创作，而这一功能是需要使用像 Adobe After Effects 或 Discreet Combustion 这样的效果软件才能实现的。

保留效果的 **Avid** 时间线，可以带来巨大优势：
- 项目的所有制作过程都可以在一个系统内完成，这要比在多个不同应用程序之间进行分散制作要好得多。
- 更为轻松的修改和调节效果。
- 将媒体从 Avid 输出到效果软件上，并且在效果应用完之后，无需再进行输出操作，从而降低发生错误的潜在可能。
- 即使中间媒介 Quick Times 必须要进行渲染处理，但是无需输出/输入还是可以节省大量的磁盘空间。
- 工作流程更加快捷，节省大量宝贵时间。

它也存在着一些缺点：
- Avid 内部效果关键帧设置系统相对来说比较简单，但是不允许每个参数都设置关键帧，对于具备数十个参数的复杂插件来说，这是一个很大的限制。
- 有些插件不能与其他可以制作出所需效果的插件嵌套在一起。

如果与标准的 Avid 效果结合使用，那么有些插件就可能会无法正确渲染。问题为什么会发生，以及在什么情况下会发生什么问题，都是模糊的，而这些也是插件厂商或 Avid 软件需要解决的问题。

下面介绍一些常用插件。

4.5.1　Boris FX **插件概述**

Boris 是一套非常实用的 Avid 3D Warp DVE（Avid 三维变换）可选插件，其制作与其他插件不同，它拥有自己的用户界面，通过 Avid 效果控制面板内的效果选项，可以轻松地将效果应用到时间线上。Boris FX 制作效果如图 4-5-1 所示，Boris 可以提供：
- 更完美的图像内插质量
- 更优秀的边缘锯齿修复功能
- 包括形状操作和光照效果在内的全面广泛的 3D 效果
- 通过自己的用户界面，为全部参数逐一设置参数关键帧
- 一系列内置的视频滤波器

Boris FX 的最大问题就是，需要重新学习和适应另一种用户界面。Boris FX 的用户界面与学生们所熟悉的 Avid UI 不同，再加上它操作的复杂性，无形中都成为学生们使用的障碍。

图 4-5-1 Boris FX 制作效果

1. BCC 插件

Boris Continuum Complete（BCC）

BCC 是一套跨越广泛效果领域的超大插件套装。与 Boris FX 不同，BCC 使用标准的 Avid Effect Editor，可以更为轻松地实现效果创作。

Boris Continuum Complete 为视频图像合成、处理、键控、着色、变形等提供全面的解决方案，支持 Open GL 和双 CPU 加速。

BCC 拥有超过 200 种特效效果（上千种特效预设）：字幕（3D 字幕），3D 粒子，光线，镜头光晕，烟雾，火等等，还有调色，键控/抠像，遮罩，发光等等一系列风格化工具。

Boris FX Boris Continuum Complete 9（BCC9）新功能：

- 操作界面更直观，效率更高。
- 新加入 30 种转场特效。
- 支持 Open GL 和 CUDA 显卡加速，运算更快。

2. BCC 插件安装

（1）双击安装插件包。如图 4-5-2 所示，单击"install"按钮进入安装界面。

（2）选择"I accept the terms in the license agreement"同意安装，进入下一步安装。如图 4-5-3 所示。

图 4-5-2 安装 Boris Continuum Complete   图 4-5-3 同意安装

（3）自定义安装所选插件。如图 4-5-4 所示。

（4）安装插件完成。此时，在 Avid 软件中就有如图 4-5-5 所示的 BCC 插件可以进行使用。

第 4 章　Avid 高级操作

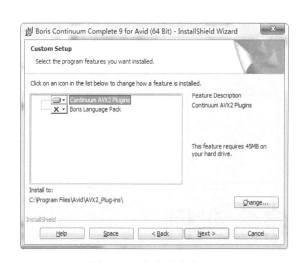
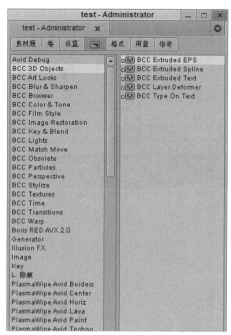

图 4-5-4　自定义安装　　　　图 4-5-5　安装后的 AVID 特效窗口

4.5.2　在 Avid Media Composer 内使用 Boris 效果

1. 我们可以通过以下三种方式来使用 Boris

- 作为两个片段之间的转场效果，通常情况下我们可以通过 Boris 转场效果拖放到 Timeline 内的转场区域，来轻松实现这项效果操作。
- 作为单独的合成片段。这一操作过程需要我们首先以 Quick Time Movies 格式输出素材，然后在 Boris 内将它们与其他元素（例如图形文件和动画）合成在一起，接下来再渲染出最终效果。但是，这并不是一种常用的操作方法，因为 Avid 编辑系统可以为基本和中间媒介效果提供更好的处理环境。
- 将 Boris 作为片段效果来应用。这是最为常见的 Boris 应用方式，我们将在下面的内容中对其进行详细的介绍。

2. 将 Boris 作为片段效果来应用

以常规方式创建时间线，将背景素材设置在 V1 上，而前景素材则设置在 V2 上。

（1）从 Effects Palette 的 Boris FX 类型选项内，将 Boris FX 2 input 拖放到 V2 上面的素材上。

（2）在 Effects Mode 内，点击 Effects Editor 左上角的 Other Options 按钮。

（3）Boris FX 关键帧设置器界面打开了，两个 Avid 视频轨道显示在时间线上。

（4）Boris FX 内创建所需的效果。

（5）点击 Boris FX 时间线窗口右下角的 APPLY 按钮，返回到 Avid，并将效果带入到时间线。Cancel 按钮是用于停止效果的，而且无需保存。

（6）大多数 Boris 插件效果都是非实时的。片段必须要在渲染处理之后才能播放。

第 5 章

Avid 综合实例

项目 5-1——展开卷轴

一幅中国式画卷徐徐展开，画卷上慢慢呈现出一条龙的影像。画卷完全展开后，一个光晕效果沿着龙的形体游走一圈，这个非常具有中国风格的卷轴效果就淋漓尽致地展现在观众面前。

【技术要点】：应用"Marquee"高级字幕中的"DVE"效果。选择"Object"菜单中的"Create DVE"（创建 DVE）来实现卷轴的效果；通过灯光和材质有机结合实现仿真卷轴效果；通过设置关键帧动画来实现卷轴打开效果。

【项目路径】：素材\chap05\展开卷轴。

【实例赏析】

打开素材文件，观看"展开卷轴"效果，"展开卷轴"的效果如图 5-1-1 所示。

图 5-1-1 展开卷轴效果

具体操作步骤如下。

步骤 1：新建项目，项目名称为"展开卷轴"，格式为"25i PAL"，如图 5-1-2 所示。

图 5-1-2 "新建项目"对话框

步骤 2：建立卷轴的轴，单击"图形"工具，在画布窗口中按住"Shift"键的同时拖动鼠标建一个圆，然后调整深度"Extrude depth"，根据画轴长度调整参数，如图 5-1-3 所示。位置参数的设置如图 5-1-4 所示。

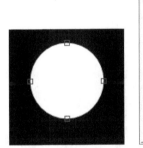

图 5-1-3 "Effect Properties"效果属性对话框

步骤 3：建立轴上的球体，选择"Object"（物体）菜单中的"Create DVE"（创建 DVE）命令，如图 5-1-5 所示。

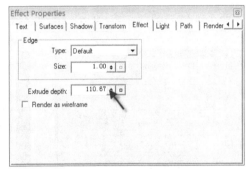

图 5-1-4 Transform Properties 变换属性对话框　　　　图 5-1-5 "Creat DVE"命令

步骤 4：选择"DVE"（DVE）模式，将"Effect"（效果）改为"Sphere"（球体），如图 5-1-6 所示。球体的位置及相关参数，如图 5-1-7 所示。

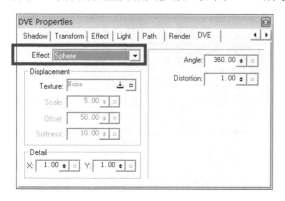 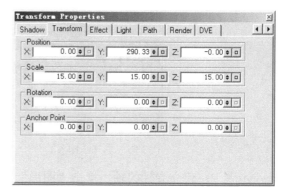

图 5-1-6　"DVE Properties"DVE 属性对话框　　图 5-1-7　"Transform Properties"变换属性对话框

步骤 5：将制作好的球体再复制一份，参数如图 5-1-8 所示。

步骤 6：选中两个球体与圆柱，按"Ctrl+G"组合键进行组合，如图 5-1-9 所示。

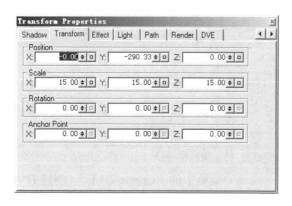 

图 5-1-8　复制球体"Transform Properties"变换属性对话框　　图 5-1-9　组合球体和圆柱

步骤 7：添加"灯光"。"Light Properties"（灯光属性）参数如图 5-1-10 所示。再复制一次，建立另一个卷轴，如图 5-1-11 所示。

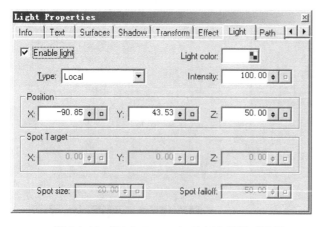 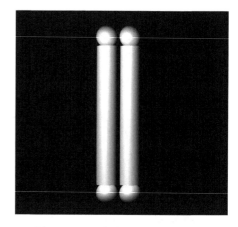

图 5-1-10　"Light Properties"灯光属性对话框　　图 5-1-11　添加灯光后的效果

第 5 章 Avid 综合实例

经验谈

如果加上灯光后，卷轴没有显示灯光效果，则选择卷轴，然后单击"Surfaces Properties"（表面属性）对话框中的"Surfaces"（表面）选项卡，选择其中的"Enable lighting"（接受灯光）选项，如图 5-1-12 所示。

步骤 8：建立画卷的底。先用"矩形"工具绘制一个白底，如图 5-1-13 所示。（后面要对其进行贴图和层次的调整。）

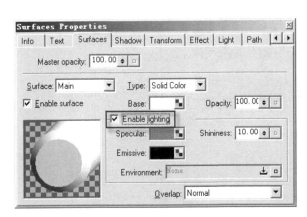
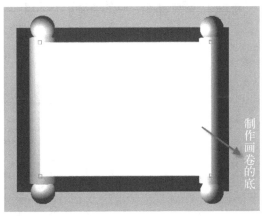

图 5-1-12　"Surfaces Properties"表面属性对话框　　　图 5-1-13　制作"画卷"的底

步骤 9：建立画卷的两边，绘制两个小矩形，选择"Enable lighting"（接受灯光）选项，如图 5-1-14 所示。

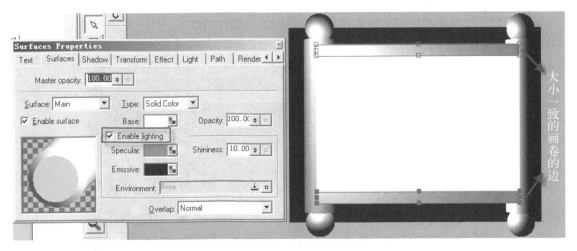

图 5-1-14　制作"画卷底上下边"接受灯光

步骤 10：导入画卷内白底的图片，选择"文件"（File）菜单→"导入"（Import）→"图片"（Image）命令，选择画卷的图片，如图 5-1-15 所示。

步骤 11：在画卷的"Textures Library"（纹理库）中存储了刚才导入的图片素材作为新纹理，如图 5-1-16 所示。

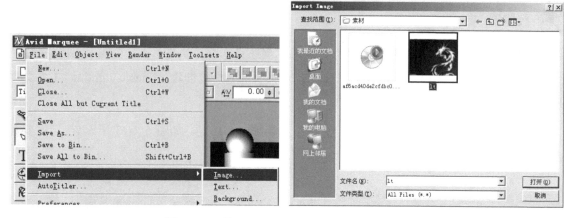

图 5-1-15 导入"Import"素材和选择文件位置

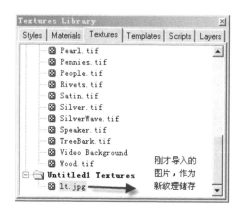

图 5-1-16 导入素材作为默认纹理

步骤 12：选择刚才绘制的白色画卷底，用刚才存储好的纹理，为白色画卷底添加纹理，如图 5-1-17 所示。

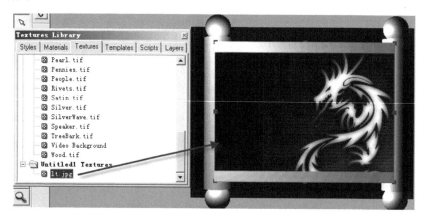

图 5-1-17 给"画卷"底添加纹理

步骤 13：选择画卷的底和两个边，单击"成组"按钮，将成组后的图形单击"向下排列"按钮，放在画面的底层，如图 5-1-18 所示。

图 5-1-18　调整画卷相对位置

步骤 14：给卷轴制作遮罩层，绘制一个和画卷底宽度一致的成组白色的矩形，再将白色改为黑色，同时将黑色遮罩层和卷轴成组，如图 5-1-19 所示。

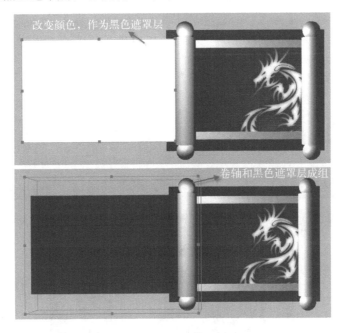

图 5-1-19　制作黑色遮罩层

步骤 15：按同样的操作绘制另一侧画轴的黑色遮罩层。

步骤 16：打开动画关键帧记录器，在第 1 秒处，卷轴的位置如图 5-1-20 所示。

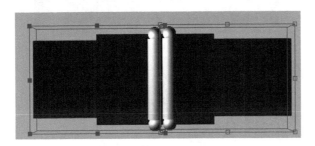

图 5-1-20　卷轴未展开效果

步骤 17：在第 2 秒处，卷轴的位置如图 5-1-21 所示。关闭动画关键帧记录器。卷轴打开的动画效果制作完成。

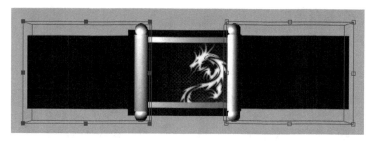

图 5-1-21 2 秒处卷轴展开效果

步骤 18：制作过光效果，建立一盏"Spot"（聚光灯），让画卷各部分接受灯光。打开动画记录器，2 秒处的参数如图 5-1-22 所示，3 秒处参数如图 5-1-23 所示。灯光效果如图 5-1-24 所示。

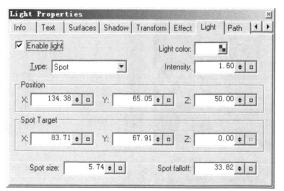 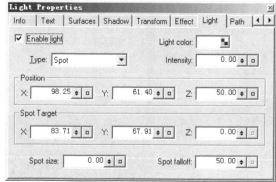

图 5-1-22 2 秒处"Light Properties"灯光属性对话框　　图 5-1-23 3 秒处"Light Properties"灯光属性对话框

图 5-1-24 灯光效果

步骤 19：预览效果，保存项目。

项目 5-2——电影资讯

用胶片展开的形式介绍近期要播放的电影资讯，同时动感地展示电影海报。应用摄像机和胶片感观把观众带入电影氛围中。

【技术要点】：通过"混合"特效中"3D 弯曲"和"画中画"特效来实现通过胶片展现运

动；同时添加一些修饰元素，使画面内容和形式更加丰富。

【项目路径】：素材\chap05\电影资讯。

【实例赏析】

打开素材文件，观看"电影资讯"效果。"电影资讯"的效果如图 5-2-1 所示。

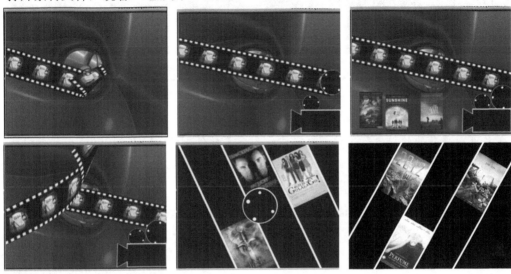

图 5-2-1　电影资讯的效果

具体操作步骤如下。

步骤 1：新建项目，项目名称为"电影资讯"，格式为"25i PAL"，如图 5-2-2 所示。

步骤 2：导入素材，在"Bin"窗口中单击鼠标右键，在弹出的快捷菜单中选择"导入"命令，如图 5-2-3 所示。

图 5-2-2　新建项目

图 5-2-3　"导入"命令

步骤 3：素材分别为成品胶片、背景、海报图片，如图 5-2-4 所示。

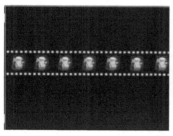  

图 5-2-4　成品胶片、背景、海报图片

经验谈

胶片可以用其他软件自行制作，也可以利用字幕软件制作。

步骤 4：为胶片素材添加效果。给胶片素材添加"混合"特效中的"3D 弯曲"特效，如图 5-2-5 所示。

步骤 5：调整胶片卷曲进入的参数，调整"3D 弯曲"参数，如图 5-2-6 所示。

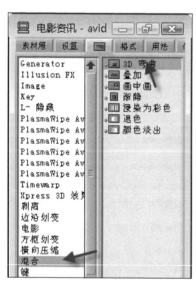  

图 5-2-5　"3D 弯曲"特技　　　　　图 5-2-6　"3D 弯曲"特技和效果

步骤 6：新建"Marquee"字幕，制作放映器，如图 5-2-7 所示。

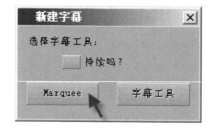

图 5-2-7　新建"Marquee"字幕

步骤 7：按住"Shift"键绘制一个白色正圆，同时复制一个圆，如图 5-2-8 所示。

步骤 8：将 2 个圆形重叠，将前面的层调小一些，将前面的圆颜色改为黑色，如图 5-2-9 所示。

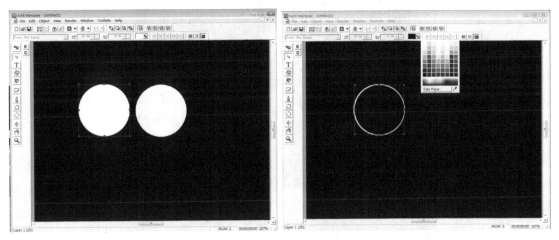

图 5-2-8　绘制圆形　　　　　　　　　　图 5-2-9　制作圆环

步骤 9：再绘制一个小的白色圆形，并复制 3 个。将 4 个圆形进行成组，如图 5-2-10 所示。

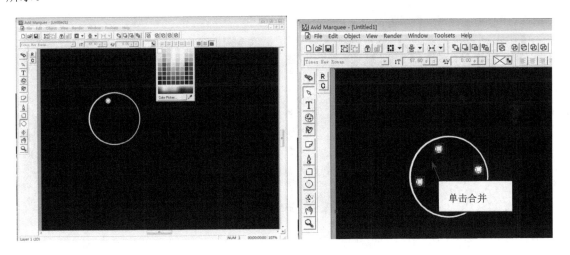

图 5-2-10　制作圆环中 4 个圆形

步骤 10：设置动画效果。打开"关键帧记录器"按钮，选择"旋转"按钮，在 2 秒处旋转几圈，如图 5-2-11 所示。

步骤 11：关闭"关键帧记录器"按钮，不然会记录下不必要的动作。复制两层，如图 5-2-12 所示。

步骤 12：摄像机机身动画。用同样的方法，绘制一个摄像机机身样式的简单图形，复制后，改为黑色缩小重叠，如图 5-2-13 所示。

步骤 13：制作动画部分。打开"关键帧记录器"按钮，将第一帧摄像机的机身拖出窗口外的空白地方。

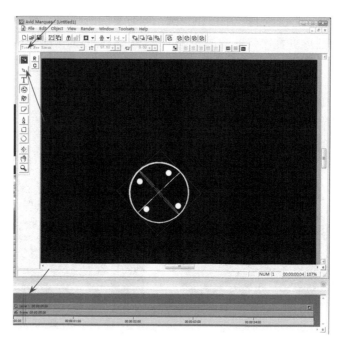

图 5-2-11 记录"胶卷"运动动画

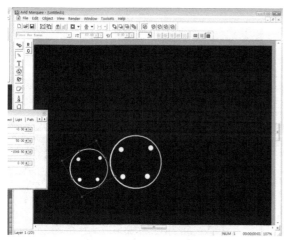

图 5-2-12 复制"圆环"

图 5-2-13 制作简易"摄像机"

步骤 14：设置动画效果，第 1 帧位置如图 5-2-14 所示。

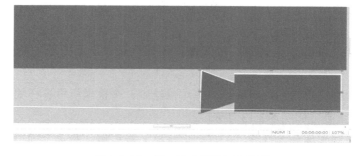

图 5-2-14 第 1 帧"摄像机"位置

步骤 15：在第 3 帧处记录关键帧，将摄像机拖入画面内，如图 5-2-15 所示。

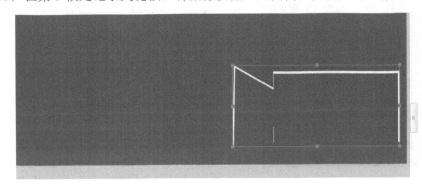

图 5-2-15　第 3 帧处"摄像机"位置

步骤 16：在第 5 帧处记录关键帧，向下移动一点，如图 5-2-16 所示。

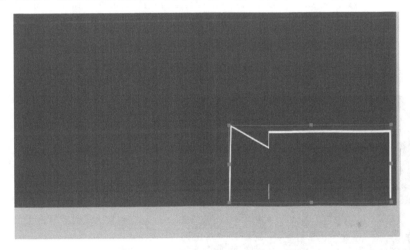

图 5-2-16　第 5 帧处"摄像机"位置

步骤 17：关闭"关键帧记录器"按钮，拖动两个胶卷到画面外，如图 5-2-17 所示。

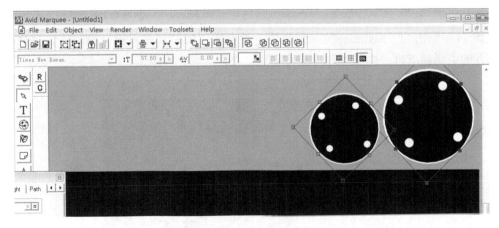

图 5-2-17　两个"胶卷"效果在画外

步骤 18：打开"关键帧记录器"按钮，在 10 帧处将较小的胶卷移动到画面内，如图 5-2-18 所示。在第 15 帧处将较小的胶卷旋转 2 圈，如图 5-2-19 所示。

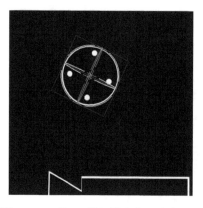 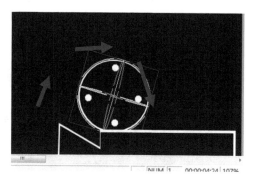

图 5-2-18　第 10 帧处较小的"胶卷"位置　　图 5-2-19　第 15 帧处较小的"胶卷"旋转 2 圈

步骤 19：为了要创造出一个时间差的效果，当较小的胶卷旋转至摄像机机身时，较大的胶卷正在坠落当中。为了美观，可以适当的超出画面范围，或者全部都在框中，如图 5-2-20 所示。

步骤 20：保存摄像机机身和胶卷运动动画，如图 5-2-21 所示。

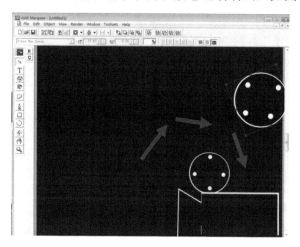 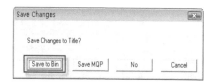

图 5-2-20　较大"胶卷"落入画中　　图 5-2-21　"Save to Bin"保存字幕到 Bin 中

步骤 21：输出的"Marquee"动画效果，保存在"Bin"（素材屉）窗口中，这样便有了一个胶卷的电影播放机，如图 5-2-22 所示。

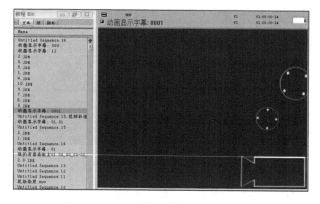

图 5-2-22　"动画字幕"添加到 Bin 中

步骤 22：利用 "Marquee" 字幕工具，绘制彩条，不做任何运动直接保存，如图 5-2-23 所示。

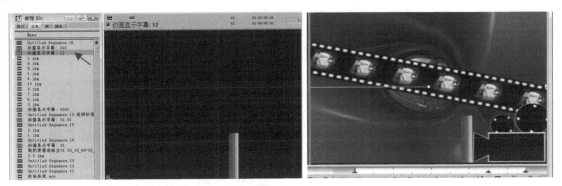

图 5-2-23　"彩条"添加时间线中

步骤 23：在这里没有严格的参数设置，只要彩条很快地滑过去，达到被人的视觉观察到的效果即可。使彩条运动的开始帧对准摄像机的镜头，最后一帧在画面外。

经验谈

当彩条闪过的时候，闪出电影海报。因为快，所以只要直接出现就可以，不用修剪来调整海报大小。在时间线上的时候，彩条一定要在海报的上面并盖住海报，如图 5-2-24 和图 5-2-25 所示。

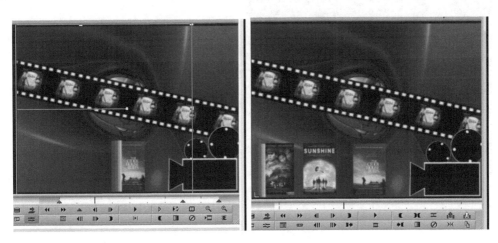

图 5-2-24　"彩条"运动海报逐一呈现

图 5-2-25　时间线布局

步骤 24：添加效果。给海报做一些简单的上下左右的移动，使其看起来更有动感并给海报加上"画中画"的特效。修剪黑边，设置关键帧作简单的运动，如图 5-2-26 所示。

步骤 25："画中画"效果如图 5-2-27 所示。

图 5-2-26 "画中画"特技

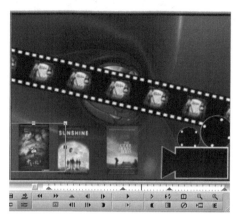

图 5-2-27 "画中画"效果

步骤 26：复制前面的彩条，随着彩条的运动将海报擦除，如图 5-2-28 所示。

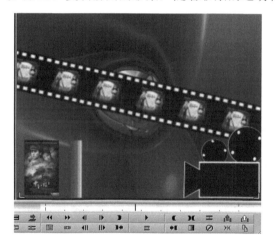

图 5-2-28 "海报"时间线布局

步骤 27：添加一个胶片，让胶片从另一个方向卷动出现，与"步骤 5"的操作基本一致，只需要放大一些，制作近大远小的感觉，调整弯曲角度即可，效果如图 5-2-29 所示。

现在来做结尾，整个结尾在"Marquee"中完成。

步骤 28：设置动画效果。两个黑色的图形用来遮挡，它们像夹板一样，用于简单的转场，这样看起来不会过于僵硬，而显得较为自然，如图 5-2-30 所示。

步骤 29：制作飞入 4 条白线的效果画一条线调整好角度位置之后复制就可以，如图 5-2-31 所示。

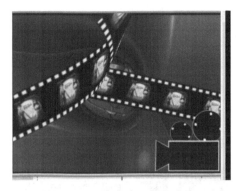
图 5-2-29 "胶片"弯曲效果

图 5-2-30 "黑画面"转场效果

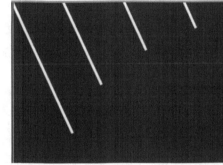

图 5-2-31 向右"白色线条"呈现海报效果

步骤 30：设置海报滑入的效果。关键是调整图片的大小，控制好时间差，感觉画面一直在运动就可以，具体的位置、速度都可以自由控制或选择，如图 5-2-32 所示。

步骤 31：中间旋转的小圆轮，只要在旋转的基础上，加上放大效果就可以用来结尾，衔接黑屏。也可以用同样的方法制作向左的展示效果，如图 5-2-33 所示。

图 5-2-32 "胶卷"转场

图 5-2-33 向左"白色线条"呈现海报效果

步骤 32：预览效果，保存项目。

项目 5-3——游戏天地

游戏天地中要展示不同款的游戏。以风车的形式展现精彩的画面，制作成镜面效果，每次风车旋转都展示一个精彩的游戏瞬间。

【技术要点】：在"Marquee"中，将不同款游戏的图片，按照 8 个风车面排列好，均分 360°，将各个图片的层"2D"属性改为"3D"属性。设置各个素材的轴心点"Anchor Point"为边界处，然后制作关键帧旋转动画。复制制作的旋转动画，移动位置，改变为"渐变"效果，制作倒影效果。

【项目路径】：素材\chap05\游戏天地。

【实例赏析】

打开素材文件，观看"游戏天地"效果。"游戏天地"的效果如图 5-3-1 所示。

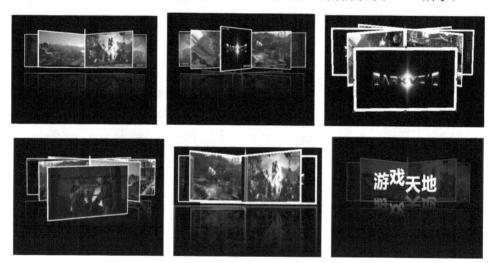

图 5-3-1 "游戏天地"的效果

具体操作步骤如下。

步骤 1：新建项目，名称为"游戏天地"，格式为"25i PAL"，如图 5-3-2 所示。

图 5-3-2 "新建项目"对话框

步骤 2：在"工具"菜单中选择"字幕工具"，单击"Marquee"按钮，进入"新建字幕"对话框，如图 5-3-3 所示。

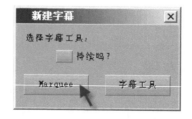

图 5-3-3 "新建字幕"对话框

步骤 3：导入素材，选择"File"文件菜单中"Import"导入命令，选择符合主题的 8 张图片素材导入（图片的大小尽量保持一致，方便调整制作），操作和素材如图 5-3-4 所示。

图 5-3-4　素材

步骤 4：选择层的属性为"3D Layer"，如图 5-3-5 所示。

步骤 5：绘制一个白色矩形，如图 5-3-6 所示。

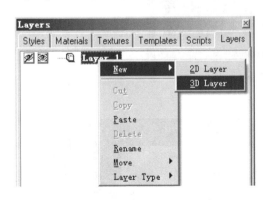
　　图 5-3-5　新建"3D Layer"三维层　　　　　　
　　　　　　　　　　　　　　　　　　　　　　　图 5-3-6　绘制白色矩形

步骤 6：给白色矩形添加图片纹理，选中白色矩形，双击选中的材质，如图 5-3-7 所示。

步骤 7：给矩形添加白边，"Edge"框中的"Type"选择"Chisel"选项，并在"Surface"选项卡中勾选"Enable surface"选项，如图 5-3-8 所示。

图 5-3-7　给白色矩形添加图片纹理

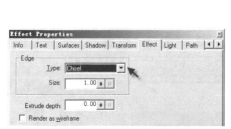
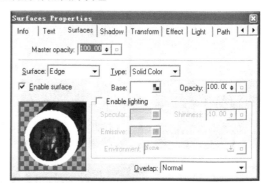

图 5-3-8　给矩形添加白边

步骤 8：设置素材的轴心点，如图 5-3-9 所示。

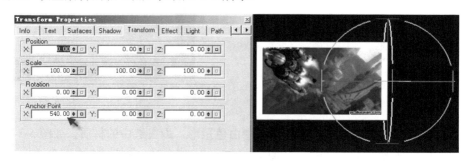

图 5-3-9　设置素材的轴心点

步骤 9：为 8 张素材均设置轴心点，如图 5-3-10 所示。

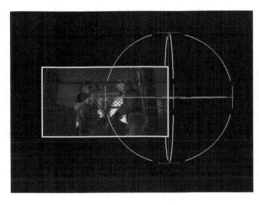 

图 5-3-10 为 8 张素材均设置轴心点

步骤 10：调整参数。将 8 张图片每张 45°间隔，摆成一个齿轮状，选择"成组"按钮 ，将 8 张图片成组，如图 5-3-11 所示。

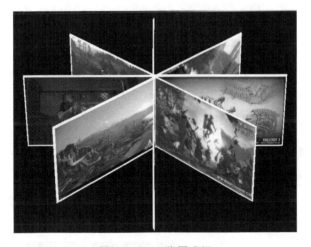

图 5-3-11 8 张图成组

步骤 11：设置动画效果。单击"动画模式"按钮 ，选中成组的图片，0 秒处关键帧不变，时间线定格在 1 秒位置处，成组后的图片组沿 Y 轴旋转-720°，如图 5-3-12 所示。

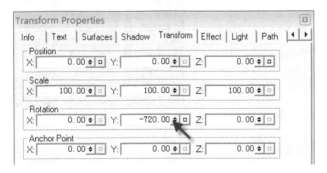

图 5-3-12 第 1 秒变换属性"Transform Properties"窗口

步骤 12：接着在 1 秒 15 帧处选中此时最前面的图片，调整 Z 轴位置和旋转、飞出，如图 5-3-13 和图 5-3-14 所示。

 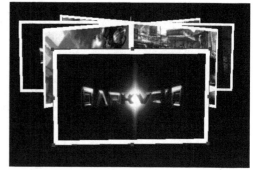

图 5-3-13　1 秒 15 帧处"Transform Properties"变换属性窗口　　图 5-3-14　第 1 秒 15 帧处效果

步骤 13：最前面的图片停留 0.5 秒，也就是 2 秒 13 帧处再让前面的图片飞入保持原来的位置，如图 5-3-15 所示。

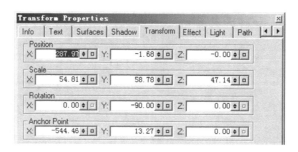

图 5-3-15　2 秒 13 帧处"Transform Properties"变换属性窗口

步骤 14：2 秒 12 帧～3 秒 12 帧再旋转 1260°。

步骤 15：如前面一样以此类推，所有图片都做完后，再次成组，图片飞出时让其沿 X 轴旋转 12°，飞入时再回位，如图 5-3-16 所示。

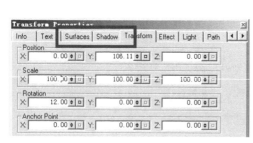 

图 5-3-16　X 轴旋转的效果

步骤 16：将图片组复制一次做倒影的效果，选中图片组旋转 180°，再调整位置，如图 5-3-17 所示。

步骤 17：制作一个红色区域的矩形，颜色选择黑色到透明色，效果如图 5-3-18，参数如图 5-3-19 和图 5-3-20 所示。

第 5 章 Avid 综合实例

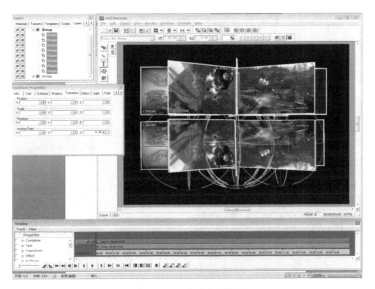

图 5-3-17 复制后效果

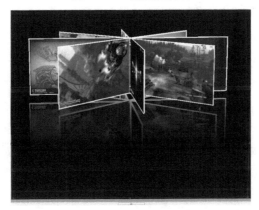

图 5-3-18 制作倒影效果

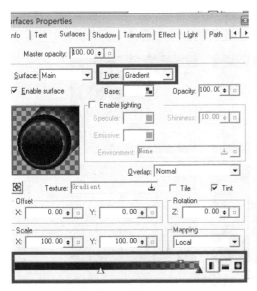

图 5-3-19 表面渐变效果

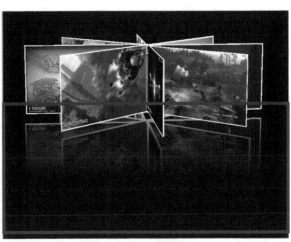

图 5-3-20 制作倒影效果

235

步骤 18：添加文字效果，"游戏天地"，字的运动效果可以自由设计，投影效果如步骤 9、步骤 10 步操作即可。如图 5-3-21 所示。

步骤 19：预览效果，保存项目。如图 5-3-22 所示。

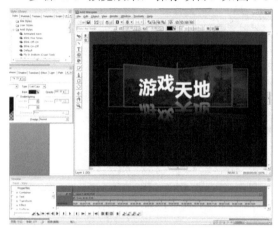
图 5-3-21 添加"游戏天地"效果

图 5-3-22 渲染输出界面

项目 5-4——北京小吃

北京小吃历史悠久、品种繁多、用料讲究、制作精细，堪称有口皆碑。北京小吃，是北京的一大特色，给每一个来到这个城市的人留下深刻的印象。"北京小吃"片头展示了北京的特色小吃，品种多、风味独特，通过色、香、味、食等多种角度去展现。

【技术要点】：通过"键"（key）特效中的"RGB 键"（RGBKeyer）特效，把小吃的素材进行抠像处理，用"Plasmawipe Avid Paint"特效中的"Paint Stoke 1"特效，制作擦除效果，添加运动字幕。

【项目路径】：素材\chap05\北京小吃。

【实例赏析】

打开素材文件，观看"北京小吃"效果。"北京小吃"的效果如图 5-4-1 所示。

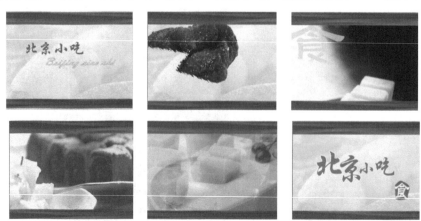

图 5-4-1 "北京小吃"的效果

具体操作步骤如下。

步骤 1：新建项目，项目名称为"北京小吃"，格式为"25i PAL"，如图 5-4-2 所示。

步骤 2：如图 5-4-3 所示，选择"导入"命令，导入素材。素材包括北京各色美食图片，一段拍摄的美食素材，一段音乐，如图 5-4-4 所示。

图 5-4-2　新建项目　　　　　　　　图 5-4-3　导入命令

图 5-4-4　素材

步骤 3：将选定的音乐，直接拖入到时间线上，确定节奏，如图 5-4-5 所示。

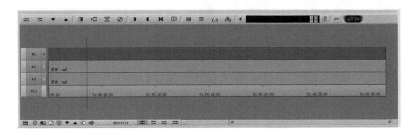

图 5-4-5　音乐添加到时间线

步骤 4：制作背景。背景是 3 个米饭团子，怎么能让背景既淡化又不会损失原有的鲜艳颜色呢？这里利用白色遮罩来实现效果。导入一个白色背景，调节白色背景的透明度，既能给人一种朦朦胧胧的感觉，又不失去原有的鲜亮感。将米饭团子放在 V1 轨上作为背景，如图 5-4-6 所示。

步骤 5：选择"字幕工具"绘制一个白色的充满全屏的背景并保存，如图 5-4-7 所示。

图 5-4-6　背景素材

237

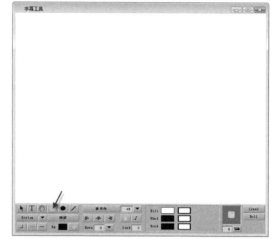
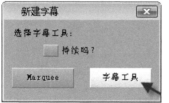

图 5-4-7 新建字幕和绘制白色矩形

步骤 6：将白色背景放在 V2 轨上并遮住 V1 轨，打开"特技编辑器"对话框调整参数，如图 5-4-8 所示。

图 5-4-8 "字幕"特技编辑器和效果

步骤 7：添加几个视频轨用来备用，或者按组合键"Ctrl+Y"来添加视频轨道，如图 5-4-9 所示。

图 5-4-9 新建视频轨道命令

步骤 8：选择"字幕工具"（Marquee），如图 5-4-10 所示。
步骤 9：制作彩色运动遮罩条。打开"字幕安全框"按钮，如图 5-4-11 所示。

第 5 章 Avid 综合实例

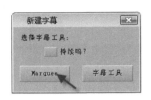

图 5-4-10 新建"Marquee"字幕

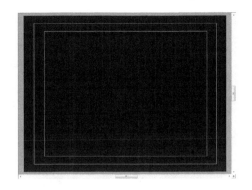

图 5-4-11 打开字幕安全区域框

步骤 10：绘制一个长方形，同时复制一个放到画面的下方，如图 5-4-12 所示。制作遮幅的画面效果。

步骤 11：制作一个带图案并且可以运动的遮幅，如图 5-4-13 所示。

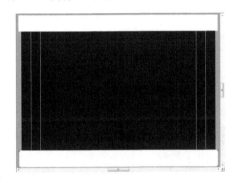

图 5-4-12 绘制两个白色遮幅

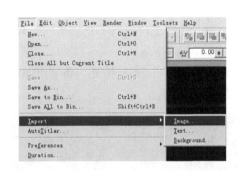

图 5-4-13 导入图片命令

步骤 12：选择"文件"（File）→"导入"（Import）→"图片"（Image）命令，导入图片，导入的图片如图 5-4-14 所示。将图片拉成细长，放置在刚才绘制的白条位置上。单击"动画关键帧记录器"按钮，向左拖动彩色条产生运动彩色边框效果，如图 5-4-15 所示。

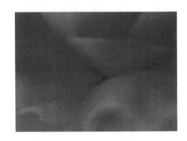

图 5-4-14 遮幅图片

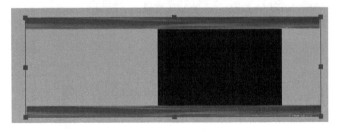

图 5-4-15 记录彩色边框运动

步骤 13：存储运动的遮罩效果，将运动遮罩放置在最上面的视频轨道上，如果长度不够可以复制用来延长遮罩的运动时间，如图 5-4-16 所示。

步骤 14：以音乐为基准剪切掉多余的画面，得到一个运动的彩色遮罩，如图 5-4-17 所示。

图 5-4-16 时间上遮幅效果

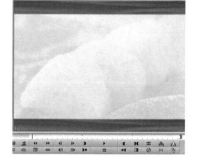

图 5-4-17 监视器窗口效果

步骤 15：选择"字幕工具"（Marquee），选择字体并输入"北京小吃"，在下面输入拼音"Beijing xiao chi"，如图 5-4-18 所示。

步骤 16：选择两行字并按住"Shift"键，按箭头方向拉出画外，选择"北京小吃"，打开"关键帧记录器"按钮 ，在第 3 帧处 "北京小吃"这 4 个字全部显示在屏幕中，偏左；"Beijing xiao chi"偏右，如图 5-4-19 所示。

步骤 17：在第 2 秒处把"北京小吃"移动到偏右位置，把"Beijing xiao chi"移动到偏左位置，如图 5-4-20 所示。

步骤 18：在第 2 秒 3 帧处，将"北京小吃"和"Beijing xiao chi"移出画面。关闭并保存，如图 5-4-21 所示。

图 5-4-18 新建字幕效果

图 5-4-19 3 帧处字幕运动方向

图 5-4-20 2 秒处字幕位置关系

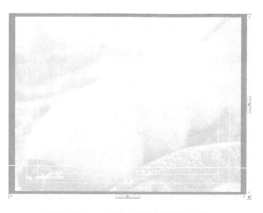

图 5-4-21 2 秒 3 帧处字幕出画

步骤 19：选择一张小吃的图片，最好是纯色背景的，放在红色动态遮罩层下面，先用特效"键"（key）中的（RGBKeyer）来抠图，如图 5-4-22 所示。

图 5-4-22　"RGBKeyer" RGB 键特技和效果

步骤 20：打开"特技编辑器"对话框，如图 5-4-23 所示。把鼠标放在图片上面的时候会变成"吸管"形状，按住左键拖动吸管到照片上，拾取颜色。拖动第一个滑动块来调整抠图大小，下面的抠图方法都一样。

步骤 21：双击打开子层，添加"画中画"特效，如图 5-4-24 所示。

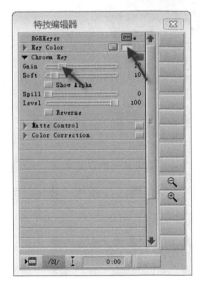

图 5-4-23　"RGBKeyer"特技编辑器　　　　图 5-4-24　"画中画"特技

步骤 22：双击子层打开子层的子层，添加"不规则擦除"（PlasmaWipe Avid Paint）→"涂料绘画"（Paint Stokes 1）特效，如图 5-4-25 所示。编辑"不规则擦除"，开始前景关键帧级别参数为 0，结束关键帧级别参数为 100，如图 5-4-26 所示。

图 5-4-25 "Paint Strokes 1" 特技

图 5-4-26 "Paint Strokes 1" 特技编辑器

步骤 23：打开"特技编辑器"，编辑"画中画"，将图片放大到想要的效果并摆好位置，如图 5-4-27 所示。

步骤 24：在素材的将要结束位置的前几帧设置关键帧，结束帧的透明度为 0，尺寸再放大一点，位置移动偏左下角处，如图 5-4-28 所示。

图 5-4-27 "画中画"特技编辑器

图 5-4-28 素材结束帧处位置关系

步骤 25：制作下一个镜头时，选择如图 5-4-29 所示的第 2 张图片，添加"叠化"效果，如图 5-4-30 所示。

图 5-4-29 素材

图 5-4-30 叠化效果

步骤 26：第 2 张图抠图如第一张的操作，打开子层添加"画中画"特效。第 1 帧为透明度 55%，位置放在右上角，如图 5-4-31 所示。结束处前大约 10 帧处添加关键帧，透明度为 100 向中间运动，微微放大，如图 5-4-32 所示。最后一帧透明度为 23，向右下方运动，如图 5-4-33 所示。

 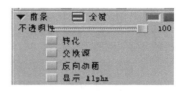

图 5-4-31　第 1 帧参数　　　　　　　　图 5-4-32　10 帧处参数

图 5-4-33　尾帧参数和效果

步骤 27：第 3 张图同第 2 张图的操作。

步骤 28：第 4 幅不用抠图，直接添加"画中画"特效，软调为"63"，作放大运动，如图 5-4-34 所示。

步骤 29：添加一个渐隐特效 12 帧。

步骤 30：用小吃特写视频添加"画中画"特效并调整大小。

步骤 31：找一张宽一点的图，添加"画中画"特效放大后作从上至下的运动，如图 5-4-35 所示。

 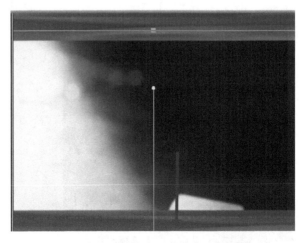

图 5-4-34　"画中画"特技编辑器　　　　图 5-4-35　"画中画"特技效果

步骤 32：再找一个宽一些的图，添加"画中画"特效放大后，作从左至右的运动。

243

步骤 33：打开字幕工具，打"食"字调整字体位置，字号建议为"400"，颜色淡灰透明度 50-75 之间，打开关键帧开关从上到下简单且缓慢地移动，关闭保存。

步骤 34：用同样的方法在做一个"味"字。

步骤 35：食：放在上下运动的图片的上面的轨，长度一样，双击"食"打开子层添加特效不规则擦除，第 1 帧级别为 0，最后一帧级别为 100，如图 5-4-36 所示。

图 5-4-36　"动画显示字幕"特技编辑器

步骤 36：味：方法同上。两者之间添加渐隐效果 24 帧，添加一段美食视频可添加"画中画"调整。以上所有都要跟住音乐节奏，这很重要，会给人一种很愉悦的感觉，也会给片子带来一种升华。最后的音乐节奏突然变快，根据音乐节奏的加快、一张张呈现图片。

步骤 37："北京小吃"的字体不一样，打开"字幕工具"Marquee，输入字调整好字体，单独选择其中一个字进行任意的大小设置和摆放，保存并输出，如图 5-4-37 所示。

步骤 38：印章：打开"字幕工具"（Marquee），选择钢笔工具任意画出一个不规则的长方形并调整为红色，输入字"食"调整好字体，放到不规则图形的上面调整为白色，如图 5-4-38 所示。

图 5-4-37　"北京小吃"落幅字效果　　　　图 5-4-38　印章效果

步骤 39：最后落幅画面："北京小吃"和印章都是随着节奏走的。

步骤 40：印章添加不规则擦除即可。
步骤 41：预览效果，保存项目。

项目 5-5——动态片头

首先显示动态的一条闪光的线条出现，然后逐个字显示，用动态的光条不断地闪现出要展示的"Avid Marquee"主题。用推拉门的形式把主题表现出来，干净利落。音乐节奏强感、画面与音乐统一。

【技术要点】：字的动态效果、动画关键帧的记录和调整。
【项目路径】：素材\chap05\动态片头。
【实例赏析】

打开素材文件，观看"动态片头"效果。"动态片头"的效果如图 5-5-1 所示。
具体操作步骤如下。
步骤 1：新建项目，项目名称为"动态片头"，格式为"25i PAL"，如图 5-5-2 所示。
步骤 2：如图 5-5-3 所示，新建（Marquee）字幕。

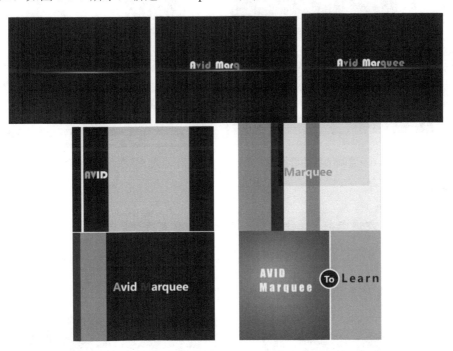

图 5-5-1 动态片头效果

图 5-5-2 新建项目

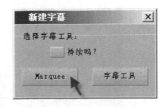

图 5-5-3 新建字幕

步骤 3：建立字幕"Avid Marquee"，选择字体，改变字体颜色如图 5-5-4 所示。
步骤 4：调好第一个字母的跳动效果，使透明度显现变化，如图 5-5-5 所示。

图 5-5-4　字幕效果

图 5-5-5　单一字母的跳动效果

步骤 5：以此类推，进行所有字母的动画显现设置，输出此字幕。
步骤 6：建立一个细扁的椭圆形，其渐变参数和效果，如图 5-5-6 和图 5-5-7 所示。

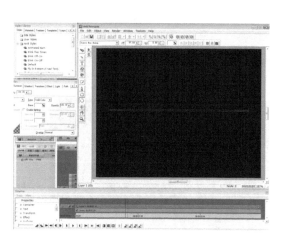

图 5-5-6　绘制细扁的椭圆形

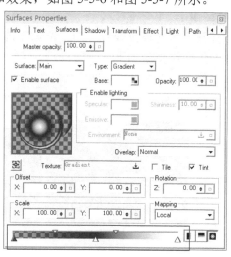

图 5-5-7　椭圆形的渐变效果

经验谈

按住"Alt"键，在渐变条上单击鼠标，可以添加更多的渐变色。

步骤 7：制作左飞入的动画，输出动画。新建（Marquee）字幕，建立黄色矩形，修改透明度，如图 5-5-8 所示。
步骤 8：做黄色矩形淡出和淡入的处理，如图 5-5-9 所示。

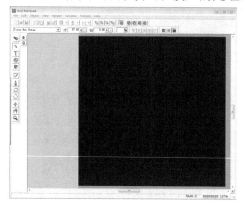

图 5-5-8　黄色矩形效果

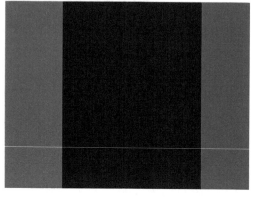

图 5-5-9　淡入和淡出效果

步骤 9：快速地切换镜头，如图 5-5-10 所示。
步骤 10：渐黑转场。
步骤 11：利用灯光的运动，制作动态前景，如图 5-5-11 所示。
步骤 12：建立字幕，如图 5-5-12 所示。

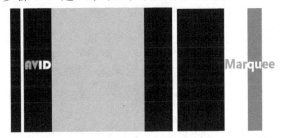 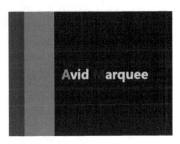

图 5-5-10　快速地切换镜头效果

图 5-5-11　灯光效果　　　　　　　　　图 5-5-12　字幕效果

步骤 13：制作动画效果，渐入处理，如图 5-5-13 所示。
步骤 14：接着运用圆、方形和加边，进行一个拼接，如图 5-5-14 所示。

图 5-5-13　字幕渐入效果　　　　　　　图 5-5-14　字幕呈现效果

步骤 15：制作动画效果，从大到小从左侧飞入，落到画面右侧，如图 5-5-15 所示。

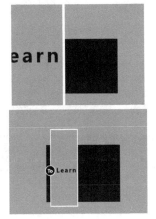 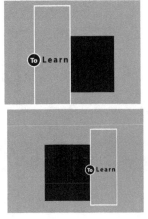

图 5-5-15　字幕呈现动画效果

步骤 16：导出，进行素材的拼合，如图 5-5-16 所示。

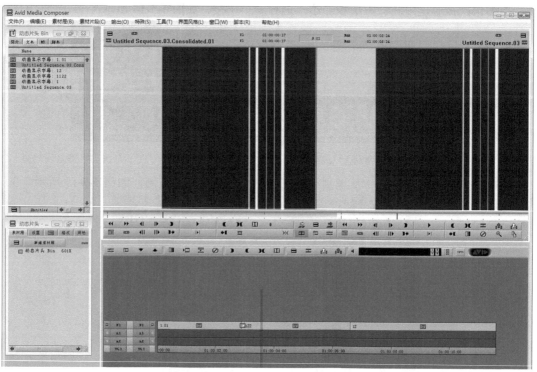

图 5-5-16　动画效果预览

第 5 章 Avid 综合实例

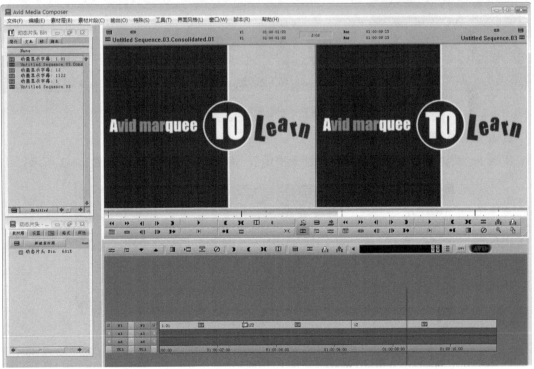

图 5-5-16 动画效果预览(续)

步骤 17:输出效果,保存项目。

项目 5-6——铺天漫地

"铺天漫地"是一个动漫主题的片头,将很多大家耳熟能详的动漫人物,齐聚一堂,展现了各自可爱的表情和动作,配有动感的音乐节奏。

【技术要点】:动画节奏与音乐结合,将动漫作品中的几个主要人物展示出来,使用"混合"特效中的"3D 弯曲"特效。

【项目路径】:素材\chap05\铺天漫地。

【实例赏析】

打开素材文件,观看"铺天漫地"效果。"铺天漫地"的效果如图 5-6-1 所示。

图 5-6-1 "铺天漫地"的效果

具体操作步骤如下。

步骤 1:新建项目,项目名称为"铺天漫地",格式为"25i PAL",如图 5-6-2 所示。

图 5-6-2 "新建项目"对话框

步骤 2:如图 5-6-3 所示,导入素材。

步骤 3:素材主要是动漫人物图片为主,可以用 Photoshop 软件进行抠图,如图 5-6-4 所示。

第 5 章　Avid 综合实例

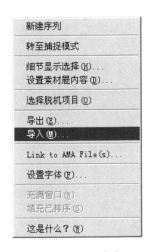

图 5-6-3　导入命令　　　　　　　　图 5-6-4　动漫素材

步骤 4：制作背景，打开字幕工具 Marqucc，如图 5-6-5 所示。
步骤 5：背景颜色，颜色淡一些不要过于抢眼，柔和最好，最好把透明度降低一些。
步骤 6：图案。图案是一个小太阳还有云彩，随自己喜好画出来就可以，保存。
步骤 7：摇头娃娃。准备两条轨道，两条轨道都放一样的娃娃，打开特效编辑器，选择修剪，一轨留一个小脑袋，二轨留除了头部以下的任何部分，要注意严丝合缝，如图 5-6-6 所示。

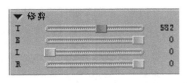

图 5-6-5　新建"Marquee"字幕　　　　图 5-6-6　摇头娃娃效果和参数

步骤 8：打开头部层的"特效编辑器"，如图 5-6-7 所示。

图 5-6-7　"遮罩键"特技编辑器

251

步骤 9：拖动时间线并设置关键帧，设置关键帧之后轻轻地旋转一下小人的头，如图 5-6-8 所示。

这时会发现有偏移，只要轻轻地向上下左右调整一下就可以掩饰住。

步骤 10：按照音乐节奏，让小人自由地摇晃头部，之后要放大出画面，另一个和这个一样，如图 5-6-9 所示。

图 5-6-8　摇头效果　　　　　　　　图 5-6-9　摇头娃娃运动效果

步骤 11：接下来是一段节奏很快的音乐，音乐和画面配好了会产生声画统一的效果。这个节奏会很快，因为太快，所以就用准备好的系列小人每隔一帧，码放一个，码放得不要太过于缭乱，节奏快的时候还是有些条理，看起来会很舒服，如图 5-6-10 所示。

步骤 12：将一些用来娱乐气氛的画面增加在里面，下一个镜头是一个人滑入画面中间，踢飞另一个人，这些设置也很简单。

步骤 13：滑入的人只需要调整方向，添加关键帧即可，如图 5-6-11 所示。

图 5-6-10　依次滑入画面的效果　　　　　　图 5-6-11　滑入画面的效果

步骤 14：被踢飞的小人旋转并拖出框外，下一画面接着是一个撞墙的。

步骤 15：撞墙的画面快速进入停留一会并快速走掉。

步骤 16：这幅画面是全屏的可以用来做转场，在它的遮盖下我们可以把下面的层都删掉来个新的开始。绘制新背景绿色的条状图形，这个方法其实也很简单，打开"Marquee"，画一个圆之后压扁即可，如图 5-6-12 所示。

图 5-6-12　绘制绿色椭圆效果

步骤 17：为了能看清楚这是个圆形，按"F2"快捷键，把渐变色勾上，并且选择圆形中心，如图 5-6-13 所示。

图 5-6-13　椭圆形渐变填充效果

步骤 18：两个人物出来之后调整大小，慢慢移动。

步骤 19：放大的大海豚飞过做转场，如图 5-6-14 所示。

步骤 20：转场后可以再一次新的开始，猫女缩小，加上人物全家福，这几个操作都是简单的基本运动，没有难点，算是巩固了，如图 5-6-15 所示。

步骤 21：在白色的对话框上打出字幕，如图 5-6-16 所示。

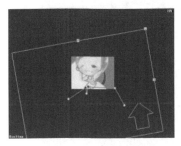  

图 5-6-14　大海豚制作转场　　　图 5-6-15　全家福效果　　　图 5-6-16　落幅文字"铺天漫地"

步骤 22：效果预览，保存项目。

项目 5-7——四季清江

《四季清江》以清江为拍摄的主线索，并以其为基点，全面深入拍摄记录恩施各地具有特色和竞争力的自然风光和人文典故。整个宣传片分序言、春之梦、夏之意、秋之歌、冬之韵等 5 部分。专题片的风格定位是：重风光轻人文、展示恩施四季风光变换的自然风光片。

【技术要点】

- 风光片的镜头的选择
- 艺术化的字幕的处理
- 转场效果的合理应用

【实例赏析】

打开素材文件，观看四季清江效果。四季清江效果如下图所示。

【制作步骤】

（1）新建项目，项目名称为四季清江。格式为 25i PAL。如图 5-7-1 所示。

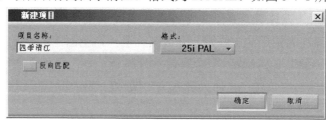

图 5-7-1　新建项目

（2）导入素材，在 Bin 窗口中右击，弹出的快捷菜单如图 5-7-2 所示。

图 5-7-2　快捷菜单

(3）第一个场景画面一般都选用大远景或者全景画面来展现四季清江的美景，使用淡入效果（特效、渐隐、透明度），如图 5-7-3 所示。

图 5-7-3　第一个场景画面

（4）第二个场景画面，一般也选择景别较大的画面，展现时有开阔感。画面之间采取叠化效果，如图 5-7-4 所示（注意：主体位置要有变化）。

（5）字幕呈现，如图 5-7-5 所示。

图 5-7-4　第一个场景画面　　　　　　　　图 5-7-5　字幕呈现

（6）进入 Marquee 制作字幕，如图 5-7-6 所示。

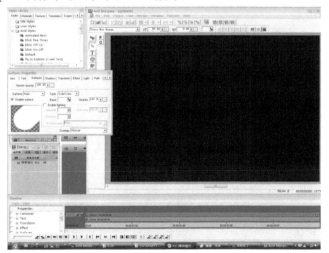

图 5-7-6　制作字幕

（7）画一个白色竖立的长条，如图 5-7-7 所示（注意：线形不能太细，不然画面播出时有抖动感）。

注意：在最后打完字幕后，将线条改为黑色。

（8）再输入文字"水色清明十仗，人见其清澄"，格式为华文楷体，字号 30，如图 5-7-8 所示。

图 5-7-7 白色竖立长条　　　　　　　　　图 5-7-8 输入文字

（9）选中文字，黑色的实体字，白边。具体参数的设置如图 5-7-9 所示。

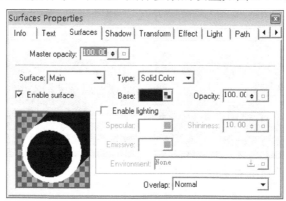

（a）设置参数

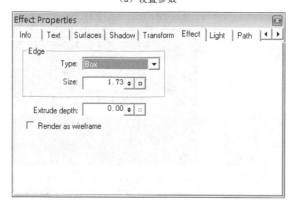

（b）设置参数

图 5-7-9 设置参数

（10）最后将左边的线条改为黑色，效果如图 5-7-10 所示。

图 5-7-10 将左边的线条改为黑色

（11）渲染输出。

将字幕添加到时间线上，打开特效编辑器，在第一帧位置将修剪 B 值设为-999。
最后一帧位置将修剪 B 值为 0，如图 5-7-11 所示。

【提示】：字幕持续的总时长自己掌握。

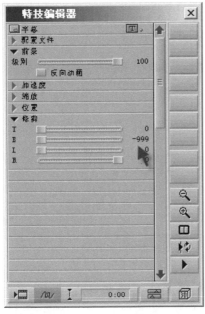 

（a）第一帧的字幕关键帧参数　　　　　　（b）最后一帧的字幕关键帧参数

图 5-7-11 设置参数

（12）制作字幕：四季清江

选择菜单【素材片段】→【新建字幕】→【Marquee】，如图 5-7-12 所示。

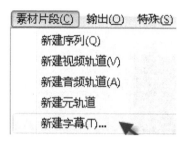
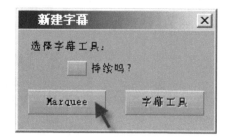

图 5-7-12　新建字幕

（13）进入 Marquee 界面，如图 5-7-13 所示。

（14）输入"四季清江"，字体为"华文楷体"，字号"95"，如图 5-7-14 所示。

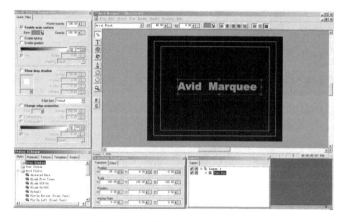

图 5-7-13　进入 Marquee 界面　　　　　　　　图 5-7-14　输入文字

（15）将字颜色改为绿色，边为白色，如图 5-7-15 所示。

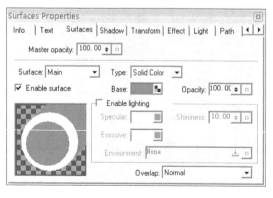
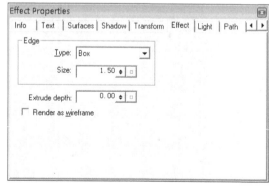

（a）　　　　　　　　　　　　　　　　　　（b）

图 5-7-15　设置参数

（16）在层窗口中选择单个文字层，调整各自的位置，层窗口及效果，如图 5-7-16 所示。

（17）将"清"字设置为橘红色，Surfaces 窗口及效果如图 5-7-17 所示。

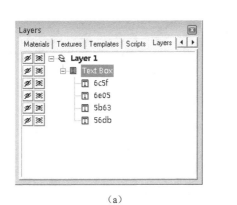

(a)　　　　　　　　　　(b)

图 5-7-16　调整后的效果

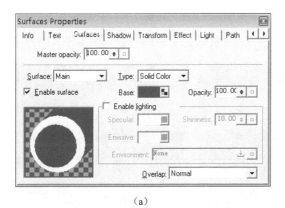

(a)　　　　　　　　　　(b)

图 5-7-17　效果图

（18）渲染输出，如图 5-7-18 所示。

图 5-7-18　渲染输出

（19）远山的大远景，黑起，如图 5-7-19 所示。

(a)　　　　　　　　　　(b)

图 5-7-19　远山

（20）叠化转场，如图 5-7-20 所示。

(a)   (b)

图 5-7-20 叠化转场

（21）添加 PlasmaWipe avid paint—paint Strokes 1 转场特效，如图 5-7-21 所示。

(a)   (b)

图 5-7-21 转场特效

（22）转场特效 PlasmaWipe avid center—center crystal。效果如图 5-7-22 所示。

(a)   (b)

图 5-7-22 转场特效

（23）叠化转场，此镜头描述冰雪融化万物复苏，象征春天到来，效果如图 5-7-23 所示。

图 5-7-23 叠化转场

（24）日出镜头叠化转场人物——百花齐放，体现夏天的气氛，效果如图 5-7-24 所示。

图 5-7-24 夏天的气氛

（25）添加转场特效 PlasmaWipe avid horiz—Horiz brick，效果如图 5-7-25 所示。

图 5-7-25 转场特效

(26)秋天模块选用秋天树林满地金黄落叶的镜头,最后运用一个远景,效果如图 5-7-26 所示。

图 5-7-26　秋天景象

(27)淡出淡入进入冬天场景,特写冰雪融化叠化转场中景大远景介绍冬的冰雪覆盖,天寒地冻的场景,效果如图 5-7-27 所示。

图 5-7-27　冬天场景

图 5-7-27 冬天场景（续）

（28）选中一段视频素材用在片尾中，制作画中画效果，如图 5-7-28 所示。

（29）在第一帧将边界设置为金属，宽度 33，软 25。具体参数如图 5-7-29 所示。

图 5-7-28 画中画效果

图 5-7-29 设置参数

（30）在之后的关键帧位置，将边界设置为金属、宽度 33、软 25。
缩放 X Y 设置为 50，位置 X212、Y 26、Z 0、旋转 Y-20，具体参数如图 5-7-30 所示。

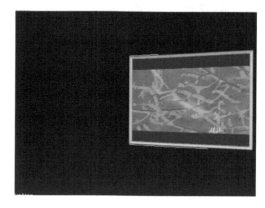

图 5-7-30 设置参数

（31）随后添加上滚字幕即可。可参见片尾制作效果。
（32）预览保存项目。

项目 5-8——小鬼当家

本实例是一个儿童的电子相册。通过简单的运动产生一些动感来实现一张一张显现照片。

【技术要点】：【图像】——【绘画效果】
【实例赏析】

打开素材文件，观看小鬼当家效果。小鬼当家效果如下图所示。

小鬼当家

第 5 章　Avid 综合实例

小鬼当家（续）

【制作步骤】

（1）新建项目，项目名称为小鬼当家，格式为 25i PAL，如图 5-8-1 所示。

图 5-8-1　新建项目

（2）导入素材，如图 5-8-2 所示。

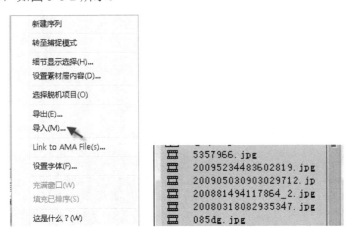

图 5-8-2　导入素材

（3）新建序列，名称为相册，如图 5-8-3 所示。

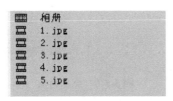

图 5-8-3　新建相册

(4）制作背景，【打开工具】→【字幕工具】→【Marquee】，如图 5-8-4 所示。

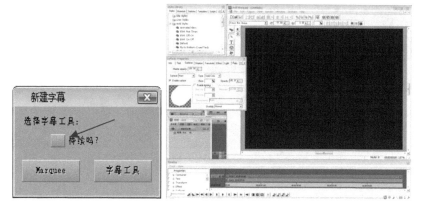

图 5-8-4　制作背景

(5）画一个屏幕大小的矩形 ▢，如图 5-8-5 所示。

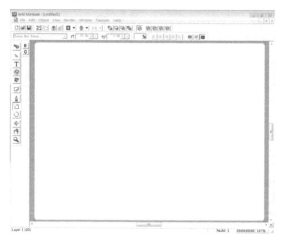

图 5-8-5　绘制矩形

(6）添加材质，如图 5-8-6 所示。

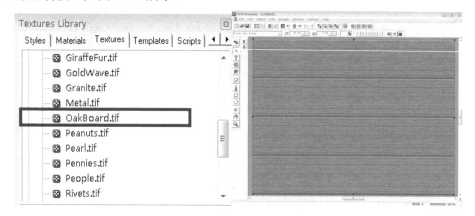

图 5-8-6　添加材质

(7)将颜色改为淡蓝色 ，如图 5-8-7 所示。
(8)保存输出,如图 5-8-8 所示。

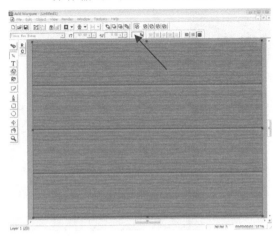

图 5-8-7 将颜色改为淡蓝色

图 5-8-8 保存输出

(9)将输出的背景添加到时间线 V1 轨上,时长为 10 秒,如图 5-8-9 所示。

图 5-8-9 添加到时间线

(10)制作照片飞入效果,将素材 1 添加到时间线上,时长为 10 秒,如图 5-8-10 所示。

图 5-8-10 制作照片飞入效果

(11)为其添加特效,"混合→3D 弯曲",如图 5-8-11 所示。
(12)参数调整。
- 将修剪 L 设值为-675,R 值为 666;
- 缩放 X 50,Y 50;

267

- 边界设置为普通，宽度 55，软 15，颜色为白色。

效果如图 5-8-12 所示。

图 5-8-11 添加特效

图 5-8-12 参数调整

（13）在第一帧将形状设置为页面折叠：
- 卷曲 39，半径 100，角度 68；
- 旋转 Z-166，X 0，Y 55；
- 位置 X-761，Y-110，Z 0

效果如图 5-8-13 所示。

图 5-8-13 设置为页面折叠

（14）在 1 秒 15 帧的位置打一关键帧，并将其和尾帧的形状设置为页面折叠：
- 卷曲 24，半径 86，角度 64；
- 旋转 Z 24，X 0，Y 0；
- 位置 X-222，Y170，Z 0。

效果如图 5-8-14 所示。

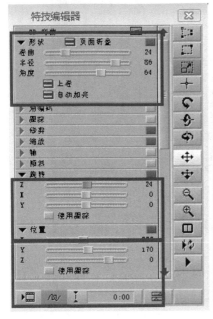

图 5-8-14 设置为页面折叠

（15）将素材 2 导入时间线 V3 轨 2 秒～10 秒处，如图 5-8-15 所示。

图 5-8-15　导入素材 2

（16）为其添加混合—3D 弯曲特效，如图 5-8-16 所示。

（17）参数调整：

- 设置修剪 L 值为-844，R 值为 840；
- 缩放 X 45，Y 45；
- 边界设置为普通，宽度 55，软 15，颜色为白色。

效果如图 5-8-17 所示。

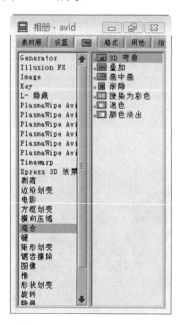

图 5-8-16　添加 3D 弯曲特效　　　　图 5-8-17　参数调整

（18）在第一帧将形状设置为页面折叠：

- 卷曲 24，半径 100，角度-68；
- 旋转 Z-71，X-40，Y71；

- 位置 X545，Y-536，Z 0。

效果如图 5-8-18 所示。

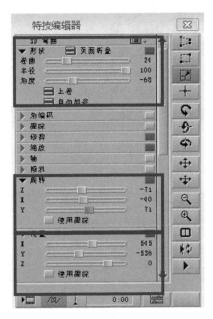

图 5-8-18　设置为页面折叠

（19）在 3 秒位置打一关键帧并将其和尾帧的形状设置为页面折叠：
- 卷曲 14，半径 100，角度-53;
- 旋转 Z-22，X 0，Y-4
- 位置 X213，Y-187，Z 0。

效果如图 5-8-19 所示。

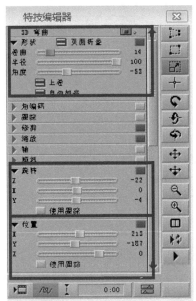

图 5-8-19　设置为页面折叠

图 5-8-19　设置为页面折叠（续）

（20）在时间线 V4 轨 3 秒～10 秒处添加素材 3，如图 5-8-20 所示。

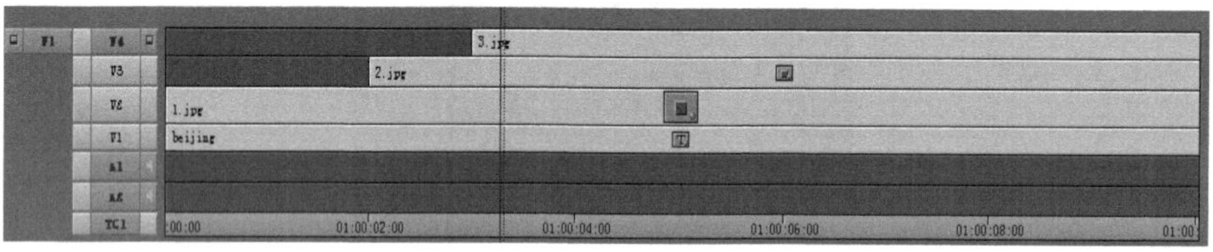

图 5-8-20　添加素材 3

（21）为素材 3 添加特效 3D 弯曲，如图 5-8-21 所示。

图 5-8-21　添加 3D 弯曲

（22）参数调整：

- 设置修剪 L 值为-565，R 值为 565；
- 缩放 X 55，Y 55；
- 边界设置为普通；
- 宽度 55，软 15，颜色为白色。

效果如图 5-8-22 所示。

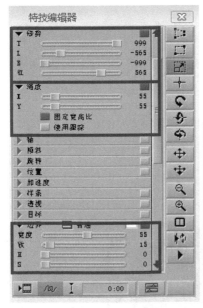

图 5-8-22　参数调整

（23）在第一帧将形状设置为页面折叠：
- 卷曲 43，半径 100，角度 53;
- 旋转 Z-87，X119，Y-150;
- 位置 X-121，Y430，Z 0。

效果如图 5-8-23 所示。

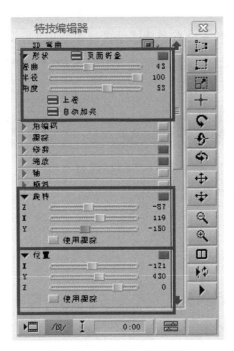

图 5-8-23　设置为页面折叠

（24）在 4 秒位置打一关键帧并将其和尾帧的形状设置为页面折叠。
- 卷曲 21，半径 100，角度-83;
- 旋转 Z-24，X 0，Y 0;
- 位置 X199，Y218，Z 0。

效果如图 5-8-24 所示。

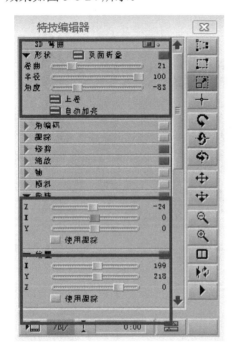

图 5-8-24　设置页面折叠

（25）在时间线 V5 轨 4 秒～10 秒位置添加素材 4，如图 5-8-25 所示。

图 5-8-25　添加素材中 4

（26）为其添加 3D 弯曲特效，如图 5-8-26 所示。

（27）参数调整：
- 设置修剪 L 值为-576，R 值为 570;
- 缩放 X 50，Y 50;
- 边界设置为普通;
- 宽度 55，软 15，颜色为白色。

效果如图 5-8-27 所示。

第 5 章 Avid 综合实例

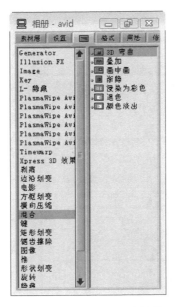

图 5-8-26 添加 3D 弯曲特效

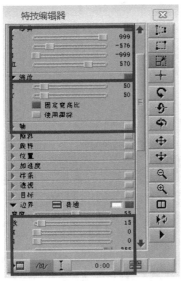

图 5-8-27 参数调整

（28）在第一帧将形状设置为页面折叠：
- 卷曲 45，半径 100，角度 34；
- 旋转 Z-135，X166，Y24
- 位置 X-677，Y-693，Z 0。

效果如图 5-8-28 所示。

（29）在 5 秒位置打一关键帧并将其和尾帧的形状设置为页面折叠：
- 卷曲 0，半径 100，角度 83。
- 旋转 Z 8，X 0，Y 0
- 位置 X-230，Y-238 Z 0。

275

效果如图 5-8-29 所示。

（30）在时间线 V6 轨 5 秒 10 帧～10 秒位置添加素材 5，如图 5-8-30 所示。

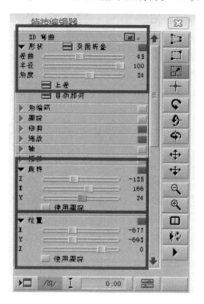

图 5-8-28　设置为页面折叠

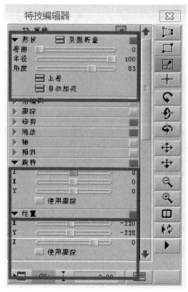

图 5-8-29　设置为页面折叠

图 5-8-30　添加素材 5

(31)为其添加 3D 弯曲特效，如图 5-8-31 所示。

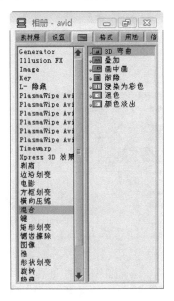

图 5-8-31　添加 3D 弯曲特效

(32)参数调整。
- 设置修剪 L 值为-504，R 值为 496；
- 缩放 X 50，Y 50；
- 边界设置为普通；
- 宽度 55，软 15，颜色为白色。

效果如图 5-8-32 所示。

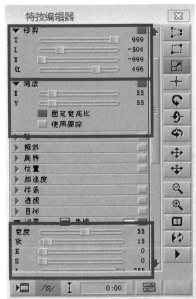

图 5-8-32　参数调整

(33)在第一帧将形状设置为页面折叠。

- 卷曲 43，半径 100，角度 -45；
- 旋转 Z-150，X103，Y 0；
- 位置 X956，Y-647，Z 0。

效果如图 5-8-33 所示。

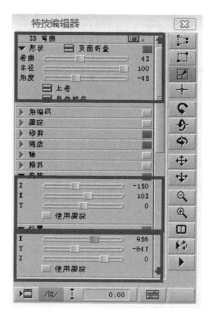

图 5-8-33　设置为页面折叠

（34）在 6 秒 20 帧位置打一关键帧并将其和尾帧的形状设置为页面折叠。
- 卷曲 27，半径 100，角度 49；
- 旋转 Z -11，X 0，Y -3；
- 位置 X-2，Y 79，Z 0。

效果如图 5-8-34 所示。

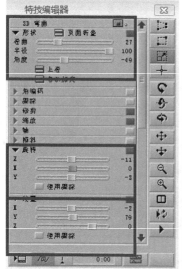

图 5-8-34　设置为页面折叠

(35）制作落幅文字，打开工具→字幕工具→Marquee，如图 5-8-35 所示。

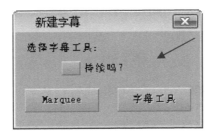

图 5-8-35　新建字幕

（36）输入文字"小鬼当家"，如图 5-8-36 所示。

图 5-8-36　输入文字

（37）设置字体为华文琥珀，字号 120.00，颜色为红色，效果如图 5-8-37 所示。

图 5-8-37　设置字体格式

（38）在"Surfaces Properties"对话框中，选择"Effect"标签，设置 Type 为"BOX"，Size 为"2.5"，如图 5-8-38 所示。

（39）按 F4 键切换至 BasicAnimation 界面，在 Quick Titles 中选中"Enable Lighting"，如图 5-8-39 所示。

（40）调整灯光位置，复制一个泛光灯，将两个灯的位置调整为如图 5-8-40 所示。

（41）输出文字，如图 5-8-41 所示。

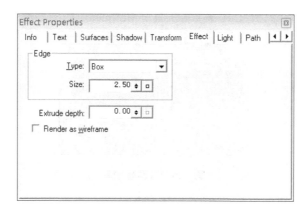

图 5-8-38 "Effect Properties"对话框

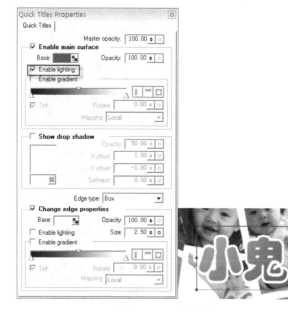

图 5-8-39 选择"Enable Lighting"

图 5-8-40 调整灯光位置

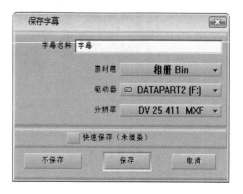

图 5-8-41 输出文字

（42）在时间线 V7 轨 6 秒 23 帧位置～10 秒位置添加落幅文字"小鬼当家"，如图 5-8-42 所示。

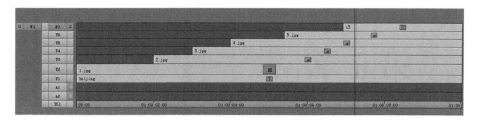

图 5-8-42　添加落幅文字

（43）在第一帧将前景级别设置为 0，如图 5-8-43 所示。

图 5-8-43　设置前景级别为"0"

（44）在 8 秒位置打一关键帧，并将前景级别设置为 100，如图 5-8-44 所示。

图 5-8-44　设置前景级别为"100"

（45）添加背景音乐，在 A1、A2 音频轨道上，添加背景音乐，如图 5-8-45 所示。

图 5-8-45　添加背景音乐

（46）音乐淡出，保存项目。

第 6 章

"数字影视后期制作技术"技能大赛模拟测试

6.1 模拟测试(一)

第一题:基础能力题(总共 13 题,前 12 题每题 5 分,总分 60 分;13 题为附加题,10 分)

说明:题目中用到的 A、B、C、D 素材由考生任意选用本次比赛提供的素材根据实际需要生成,每个素材的长度不得超过 2 分钟,并分别命名为 A、B、C、D,并保存在"D:\素材\考生生成素材"目录下;本题最终保存为工程文件和输出一个完整的 Quicktime 格式视频文件(存储路径及格式见说明部分)。本题制作要求如下(可参考"基础能力题制作要求示意图"):

1:从时间线 00:00:00:00 开始,铺上 60 秒的 75%彩条 1000HZ-20db 音频校准电平,然后在时间线 00:01:00:00 铺上 30 秒黑场(无声)。

2:在 00:01:30:00——00:02:10:00 铺上素材 A40 秒,在素材 A 上左飞入"X…X"五至十个字的标题,并渐隐消失,并且在 00:02:10:00 的地方做闪黑渐变 1 秒钟。

3:在 00:02:10:00——00:02:20:00 铺入素材 B 和 C,在 C 上做不规则形状遮罩,透过 C 可以看见 B 素材,并且在 00:02:20:00 做闪白渐变 1 秒钟。

4:在 00:02:20:00——00:02:30:00 铺入素材 A,以 A 素材为底,以 B、C、D 素材做三个画中画小画面,其中 D 素材画面为移动画面,并且在 00:02:30:00 做转场特技。

5:在 00:02:30:00——00:02:40:00 铺上 A 素材,并对 A 素材做 50%慢放。

6:在 00:02:40:00——00:03:00:00 铺上 B 素材,并对 B 素材做色彩校正,颜色偏蓝,声音段首渐起,段尾渐落,并且在 00:03:00:00 做划变过渡。

7:在 00:03:00:00——00:03:10:00 铺上 C 素材,并对 C 素材做 4:3 黑色遮幅,然后添

马赛克效果,并做马赛克跟踪(马赛克跟踪可以作为加分点)。

8:在 00:03:10:00——00:03:30:00 铺上 D 素材,并在 D 素材上添加动画角标,角标由字和衬底组成,字带边、面、影并做 360 度旋转,有灯光效果。

9:在 00:03:30:00——00:04:00:00 铺上 C 素材,并在 C 素材上做 15 行字幕上滚,最后一句字幕单独定在画面中央 5 秒钟,然后黑落。

10:在 00:04:00:00——00:05:00:00 其中 10 秒的画面上加人名字幕。

11:在 00:05:00:00——00:05:30:00 上,用任意四段素材做多机位编辑。

12:在 00:05:30:00 后,对任意一段素材,分别做:推,拉,摇,移,跟,升,降。

13:(附加题)在 00:04:00:00——00:05:00:00 铺上 A 素材,在 A 素材上通过 Marquee 上 10 句唱词,内容自定。

第二题:综合能力题(共分 40 分)

说明:此题为综合创意题,考生利用所提供的素材独立构思创作一段影片,影片不要求有固定的故事情节,但素材的组合应有连续性,要切合考生想要表达的主题。考生在制作中可以在影片任意时间段、任意场景添加自己觉得适合表达主题的素材、特技、字幕等等。要求有片头片尾,影片长度不超过 5 分钟。本题最终保存为工程文件和输出一个完整的 Quicktime 格式视频文件(存储路径及格式见说明部分)。最终影片我们将根据以下五部分对整个影片打分:

1. 色彩柔和度(整体色彩看起来是否平滑,没有让人感觉很突然很不和谐的地方);
2. 亮度适中(作品采用的亮度应该整体比较适中,没有过亮或者过暗的情况,当然为了某种效果,在影片中的某一个部分采取特殊的手法除外);
3. 影片整体来看要给人一种整体感,不能有前后脱节,只是为了完成功能而忽略整体美感;
4. 影片的美感(影片需要带给人美感,而不是很生硬地将素材组合到一起);
5. 音视频搭配合理、和谐,复合整个影片的主题。

6.2 模拟测试(二)

第一题:基础能力题(共 30 题,每小题 4 分,总计 120 分)

说明:各小题素材存储在"D:\素材\基础能力题目"文件夹中,并且其中包含附有"样片"水印的参考样片为制作标准,如遇到没有素材的文件夹,制作过程中无需素材。

本题最终保存为工程文件和输出一个完整的 Windows Media 格式视频文件(存储路径及格式见说明部分)。本题制作要求如下:

1:从时间线 00:00:00:00 开始,按照样片顺序添加素材 1,添加样片中特效,00:00:05:00 结束。

2:从时间线 00:00:00:00 开始,添加素材 2,添加特效,实现遮罩字效果,00:00:03:00 结束。

3:从时间线 00:00:00:00 开始,按照样片顺序添加素材 3-A、素材 3-B,添加样片中转场特效，00:00:04:00 结束。

4：从时间线 00:00:00:00 开始，按照样片顺序添加素材 4-A、素材 4-B，添加样片中转场特效，00:00:04:00 结束。

5：从时间线 00:00:00:00 开始，制作字幕运动效果，00:00:05:00 结束。

6：从时间线 00:00:00:00 开始，制作翻页效果，至 00:00:04:00 结束。

7：从时间线 00:00:00:00 开始，至 00:00:04:00 结束，建立三个与样片中颜色一致的圆形，并在相应圆形中添加文字 3、2、1，制作转场效果，实现样片效果。

8：从时间线 00:00:00:00 开始，至 00:00:03:00 结束，添加素材 8-A 并进行制作，完成样片中变色效果及右至左的变化方式。

9：从时间线 00:00:00:00 开始，至 00:00:03:00 结束，添加三个素材 9-A，分别制作：底层边缘光晕效果，左至右运动及阴影效果，右至左运动中添加文字 Mre 及阴影效果。

10：从时间线 00:00:00:00 开始，至 00:00:01:00 结束，在素材中完成转场效果。

11：从时间线 00:00:00:00 开始，按照样片顺序添加素材 11-A，完成抠像特效，00:00:07:00 结束。

12：从时间线 00:00:00:00 开始，至 00:00:04:00 结束，制作样片中"AVID"文字过光效果。

13：从时间线 00:00:00:00 开始，至 00:00:03:00 结束，按照样片添加素材 13-A 和 13-B，完成转场效果。

14：从时间线 00:00:00:00 开始，至 00:00:03:00 结束，添加素材 14-A 和 14-B，制作如样片所示转场效果，效果如样片所示。

15：从时间线 00:00:00:00 开始，至 00:00:01:00 结束，参照样片，在素材 15-A，并实现样片中显现效果。

16：从时间线 00:00:00:00 开始，至 00:00:01:00 结束，为素材 16-A 和 16-B 添加特效，并实现样片中显现效果。

17：从时间线 00:00:00:00 开始，至 00:00:4:00 结束，参照样片实现"名车展示"字，沿指定路径运动效果。

18：从时间线 00:00:00:00 开始，至 00:00:08:00 结束，将素材 18-A、18-B、18-C、18-D 添加到时间线，实现如样片所示的转场效果。

19：从时间线 00:00:00:00 开始，至 00:00:13:00 结束，建立样片中的文字并设置相应运动方式和转场效果。

20：将素材 20-A 进行定格设置，从时间线 00:00:00:00 开始，至素材 20-A 播放完毕。

21：从时间线 00:00:00:00 开始，按照样片顺序添加素材 21-A、素材 21-B，并实现样片效果，00:00:04:00 结束。

22：从时间线 00:00:00:00 开始，至 00:00:09:00 结束，参照样片对素材 22-A 制作天空变色效果。

23：从时间线 00:00:00:00 开始，至 00:00:02:00 结束，制作两个五角星实现样片中的三维空间旋转。

24：从时间线 00:00:00:00 开始，至 00:00:05:00 结束，使用素材 24，实现手写字效果。

25：从时间线 00:00:00:00 开始，至 00:00:09:00 结束，为素材 25 制作如样片效果。

26：从时间线 00:00:00:00 开始，至 00:00:05:00 结束，运用素材 26-A、素材 26-B 建立遮

罩及运动，实现样片效果。

27：选手需自己导入虾米的序列图片，从时间线 00:00:00:00 开始，至 00:00:01:00 结束，再制作如样片的文字效果。

28：从时间线 00:00:00:00 开始，按照样片顺序添加素材 28，添加特效制作如样片中的校色效果，00:00:04:00 结束。

29：从时间线 00:00:00:00 开始，至 00:00:06:00 结束，根据样片添加素材 29-A、29-B、29-C、29-D，制作遮幅、及特效，实现样片中的转场效果。

30：从时间线 00:00:00:00 开始，至 00:00:04:00 结束，为素材 30-A，建立文字"美景如画"，并设置文字相应运动。

第二题：简单制作题（共 5 题，每小 12 分，总计 60 分）

说明：各小题素材存储在"D:\素材\简单制作题目"文件夹中，并且其中包含附有"样片"水印的参考样片为制作标准，如遇到没有素材的文件夹，制作过程中无需素材。

本题最终保存为工程文件和输出一个完整的 Windows Media 格式视频文件（存储路径及格式见说明部分）。本题制作要求如下：

31：从时间线 00:00:00:00 开始，至 00:00:10:00 结束，按照样片顺序实现素材的翻页效果和文字落幅运动效果。

32：从时间线 00:00:00:00 开始，至 00:00:03:00 结束，使用素材 32，实现样片所示效果。

33：从时间线 00:00:00:00 开始，至 00:01:11:00 结束，建立样片中所示的声话同步效果。

34：从时间线 00:00:00:00 开始，至 00:00:03:00 结束，参照样片所示的抠像效果和文字层叠加效果。

35：从时间线 00:00:00:00 开始，至 00:00:03:00 结束，建立样片中所示的文字效果。

第三题：综合能力题目（共分 40 分）

说明：此题为综合创意题，选手利用所提供的素材独立构思创作一段影片，影片不要求有固定的故事情节，但素材的组合应有连续性，要切合选手想要表达的主题。选手在制作中可以在影片任意时间段、任意场景添加自己觉得适合表达主题的素材、特技、字幕等等。要求有片头片尾，影片长度不超过 3 分钟。本题最终保存为工程文件和输出一个完整的 Windows Media 格式视频文件（存储路径及格式见说明部分）。最终影片我们将根据以下五部分对整个影片打分：

注意事项：请选手根据选材需要对素材进行选择导入。

1. 色彩柔和度（整体色彩看起来是否平滑，没有让人感觉很突然很不和谐的地方）；
2. 亮度适中（作品采用的亮度应该整体比较适中，没有过亮或者过暗的情况，当然为了某种效果，在影片中的某一个部分采取特殊的手法除外）；
3. 影片整体来看要给人一种整体感，不能有前后脱节，只是为了完成功能而忽略整体美感；
4. 影片的美感（影片需要带给人美感，而不是很生硬地将素材组合到一起）；
5. 音视频搭配合理、和谐，符合整个影片的主题。

6.3 "数字影视后期制作技术"技能大赛评分表

一、试题分数说明

1. 本次考试为上机实际操作，根据实际操作结果计分。
2. 本次考试总时间为 180 分钟，总分为 220 分，共三题。
   （1）第一题：基础能力题目；每小题 4 分，共 30 道题。
   （2）第二题：简单制作题目；每小题 12 分，共 5 道题。
   （3）第三题：综合能力题目；一道题，40 分。

二、关于素材的说明

1. 比赛所用音、视频素材存放在"D:\素材"目录下。
2. 为方便参赛选手选用素材，素材采用分类存放方式，分类方式仅供参赛选手参考，选手根据实际题目要求和自主创作需要随意选用素材。

三、关于工程文件、影片存放和输出的说明

1. 本次考试的工程文件，存放在"D：\AVID 考试"下，考生在 AVID 环境下打开就可进行操作。
2. 最终输出的视频文件存放在"D：\以选手机位号命名的文件夹\输出文件"目录下，文件名为"选手机位号-题目编号"（如：选手机位号为 8，题目为第一题，则文件名为：8-1）
3. 最终输出的视频文件的格式为 Windows Media 9，也就是扩展名为.wmv 文件。

四、重要说明

在选手进行比赛过程中，所有制作内容不得出现任何选手信息（例如学校名称、考生姓名等信息），一经发现考试成绩无效！

附录 A

Avid Media Composer
常用快捷键

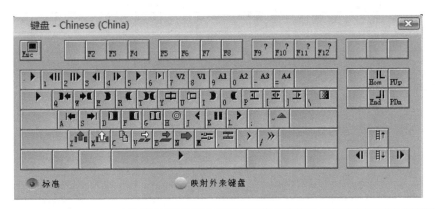

快 捷 键	功 能 说 明
ALT+ 拖动关键帧	水平移动关键帧
Ctrl+ N	创建新的素材箱
Ctrl+ A	选择素材箱或项目中的所有文件
Ctrl+ W	关闭打开的窗口或对话框
Ctrl+ D	复制选中的素材、序列或字幕
Ctrl+ I	打开控制台窗口
Ctrl+ L	放大帧画面（放大时间线轨道）
Ctrl+ K	缩小帧画面（缩小时间线轨道）
Ctrl+ X	剪切
Ctrl+ C	复制
Ctrl+ V	粘贴
Ctrl+ Z	撤销

续表

快 捷 键	功 能 说 明
Ctrl+R	重复
Ctrl+Alt+单击关键帧	选择所有关键帧
Ctrl+U	增加音频轨道
Ctrl+Y	增加视频轨道
Ctrl+0	打开或激活时间线窗口
Ctrl+1	打开音频工具
Ctrl+2	打开计算器
Ctrl+3	打开工具面板
Ctrl+4	激活编辑窗口
Ctrl+5	打开 Media Creation 设置窗口
Ctrl+6	打开控制台 Open Console
Ctrl+7	打开采集窗口
Ctrl+8	打开特技面板 Open Effect Palette
Ctrl+9	激活项目窗口
Shift+F7	进入基本界面
Shift+F8	进入色彩校正界面
Shift+F9	进入源/录制编辑界面
Shift+F10	进入特技编辑界面
Shift+F11	进入音频编辑界面
Shift+F12	进入采集界面
Alt+双击片段	进入 Slide 编辑模式

附录 B

Avid Media Composer 效果器种类中英文对照表

图	英 文	中 文
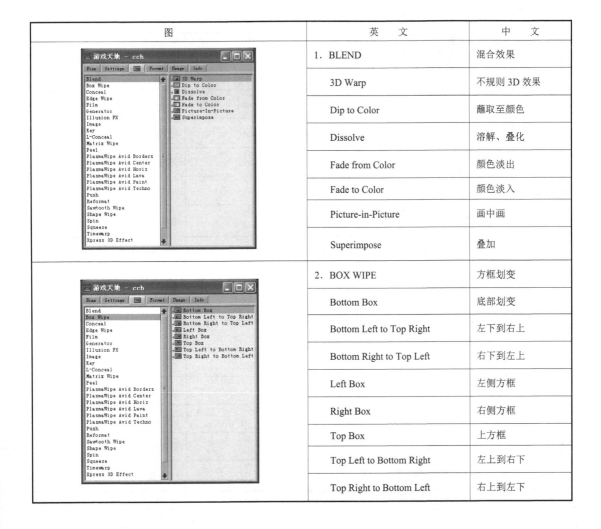	1. BLEND	混合效果
	3D Warp	不规则 3D 效果
	Dip to Color	蘸取至颜色
	Dissolve	溶解、叠化
	Fade from Color	颜色淡出
	Fade to Color	颜色淡入
	Picture-in-Picture	画中画
	Superimpose	叠加
	2. BOX WIPE	方框划变
	Bottom Box	底部划变
	Bottom Left to Top Right	左下到右上
	Bottom Right to Top Left	右下到左上
	Left Box	左侧方框
	Right Box	右侧方框
	Top Box	上方框
	Top Left to Bottom Right	左上到右下
	Top Right to Bottom Left	右上到左下

续表

图	英文	中文
	3. CONCEAL	隐藏效果
	Bottom Left to Top Right	左下到右上
	Bottom Right to Top Left	右上到左下
	Left to Right	左到右
	Right to Left	右到左
	Top Left to Bottom Right	左上到右下
	Top Right to Bottom Left	右上到左下
	Top to Bottom	上到下
	4. EDGE WIPE	边划变
	Horizontal	水平
	Horizontal Open	水平展开
	Lower Left Diagonal	对角线左下方
	Lower Right Diagonal	对角线右下方
	Upper Left Diagonal	对角线左上方
	Upper Right Diagonal	对角线右上方
	Vertical Open	垂直展开
	Vertical	垂直
	5. FILM	影片效果
	1.66 Mask	1.66 遮罩
	1.85 Mask	1.85 遮罩
	16∶9 Mask	16∶9 遮罩
	Anamorphic Mask	失真遮罩
	Blowup	放大
	Film Dissolve	影片叠化
	Film Fade	影片渐变
	Mask	Mask 遮罩

附录B Avid Media Composer效果器种类中英文对照表

续表

图	英文	中文
	6．ILLUSION FX	
	Color Mix	颜色混合
	Crystal	水晶
	Film Grain	胶片颗粒
	Flare	镜头闪光
	Fluid Blur	沿运动方向模糊
	Fluid Color Map	基于场景中的运动数量创建动画
	Fluid Morph	允许在两个素材片段之间变形
	Iris	中心向外辐射的圆
	Kaleidoscope	万花筒
	Lightning	随机闪电
	Melt	熔化
	Motion Blur	运动模糊
	Pagecurl	页面卷曲
	Particle Blast	粒子爆炸
	Particle Orbit	粒子轨道
	Particle Wind	粒子风
	Pattern Generator	模式发生器
	Pinch	收缩
	Radial Blur	径向模糊
	Random Blend	随机混合
	Ripple	波纹
	Rollup	卷曲
	Shear	修剪
	Sparkler	烟花
	Sphere	球体
	Swirl	旋涡
	Timecode	时间码
	Twist	扭曲
	Wave	波浪
	7．IMAGE	图像效果
	Avid Pan & Zoom	Avid 摇摄和缩放
	Blur Effect	模糊效果
	Color Correction	颜色校正
	Color Effect	颜色效果
	Flip	翻转
	Flip-Flop	纵横翻转
	Flop	左右翻
	Mask	遮罩
	Mosaic Effect	马赛克效果
	Paint Effect	绘画效果
	Region Stabilize	区域稳定
	Resize	调整大小
	Safe Color Limiter	安全色限制
	Scratch Removal	擦痕消除
	Stabilize	稳定效果
	Submaster	子主剪辑

续表

图	英　文	中　文
	8. KEY	键效果
	AniMatte	可变蒙板
	Chroma Key	色度键
	Luma Key	亮度键
	Matte Key	遮罩键
	RGB Keyer	RGB 键控器
	SpectraMatte Effect	特殊蒙板
	9. L-CONCEAL	L-隐藏效果
	Bottom Left	左下
	Bottom Right	右下
	Top Left	左上
	Top Right	右上
	10. MATRIX WIPES	矩阵擦除
	Grid	格线
	One-Way Row	单向行
	Speckle	斑点
	Spiral	螺旋
	Zig-Zag	锯齿

附录B Avid Media Composer效果器种类中英文对照表

续表

图	英　　文	中　　文
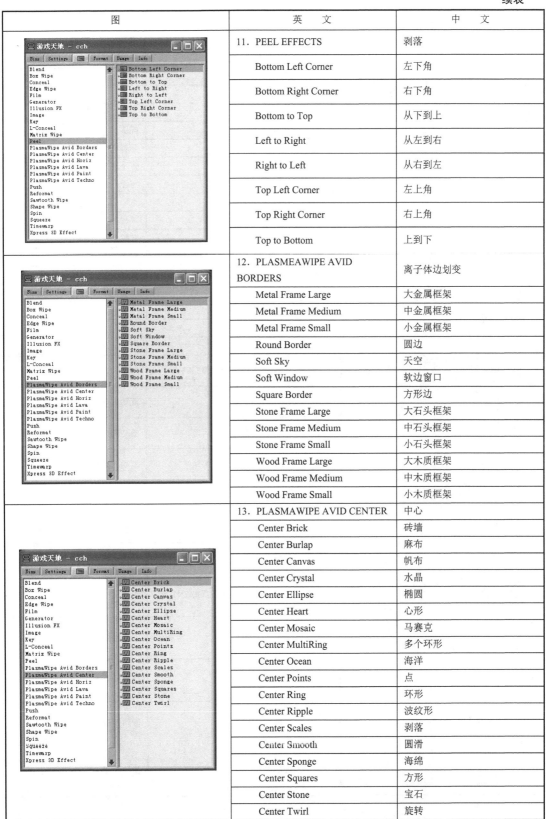	11. PEEL EFFECTS	剥落
	Bottom Left Corner	左下角
	Bottom Right Corner	右下角
	Bottom to Top	从下到上
	Left to Right	从左到右
	Right to Left	从右到左
	Top Left Corner	左上角
	Top Right Corner	右上角
	Top to Bottom	上到下
	12. PLASMEAWIPE AVID BORDERS	离子体边划变
	Metal Frame Large	大金属框架
	Metal Frame Medium	中金属框架
	Metal Frame Small	小金属框架
	Round Border	圆边
	Soft Sky	天空
	Soft Window	软边窗口
	Square Border	方形边
	Stone Frame Large	大石头框架
	Stone Frame Medium	中石头框架
	Stone Frame Small	小石头框架
	Wood Frame Large	大木质框架
	Wood Frame Medium	中木质框架
	Wood Frame Small	小木质框架
	13. PLASMAWIPE AVID CENTER	中心
	Center Brick	砖墙
	Center Burlap	麻布
	Center Canvas	帆布
	Center Crystal	水晶
	Center Ellipse	椭圆
	Center Heart	心形
	Center Mosaic	马赛克
	Center MultiRing	多个环形
	Center Ocean	海洋
	Center Points	点
	Center Ring	环形
	Center Ripple	波纹形
	Center Scales	剥落
	Center Smooth	圆滑
	Center Sponge	海绵
	Center Squares	方形
	Center Stone	宝石
	Center Twirl	旋转

293

续表

图	英　文	中　文
	14. PLASMAWIPE AVID HORIZON	水平
	Horiz Brick	砖墙
	Horiz Burlap	麻布
	Horiz Canvas	帆布
	Horiz Crystal	水晶
	Horiz Ellipse	椭圆
	Horiz Mosaic	马赛克
	Horiz MultiRing	多个环形
	Horiz Ocean	海洋
	Horiz Points	点
	Horiz Ring	环形
	Horiz Ripple	波纹形
	Horiz Scales	剥落
	Horiz Smooth	圆滑
	Horiz Sponge	海绵
	Horiz Squares	方形
	Horiz Stone	宝石
	Horiz Twirl	旋转
	15. PLASMAWIPE AVID LAVA	熔岩
	Lava Flow1	流动的熔岩 1
	Lava Flow2	流动的熔岩 2
	Lava Flow3	流动的熔岩 3
	Lava Flow4	流动的熔岩 4
	Lava Flow5	流动的熔岩 5
	Lava Flow6	流动的熔岩 6
	16. PLASMAWIPE AVID PAINT	涂料
	Paint Strokes1	涂料绘画 1
	Paint Strokes2	涂料绘画 2
	Paint Strokes3	涂料绘画 3
	Paint Strokes4	涂料绘画 4

附录 B Avid Media Composer 效果器种类中英文对照表

续表

图	英　文	中　文
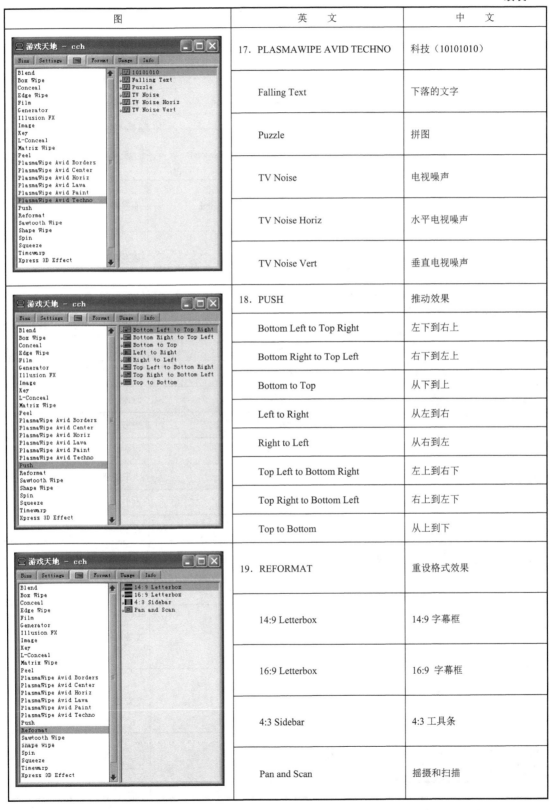	17. PLASMAWIPE AVID TECHNO	科技（10101010）
	Falling Text	下落的文字
	Puzzle	拼图
	TV Noise	电视噪声
	TV Noise Horiz	水平电视噪声
	TV Noise Vert	垂直电视噪声
	18. PUSH	推动效果
	Bottom Left to Top Right	左下到右上
	Bottom Right to Top Left	右下到左上
	Bottom to Top	从下到上
	Left to Right	从左到右
	Right to Left	从右到左
	Top Left to Bottom Right	左上到右下
	Top Right to Bottom Left	右上到左下
	Top to Bottom	从上到下
	19. REFORMAT	重设格式效果
	14:9 Letterbox	14:9 字幕框
	16:9 Letterbox	16:9 字幕框
	4:3 Sidebar	4:3 工具条
	Pan and Scan	摇摄和扫描

295

续表

图	英　文	中　文
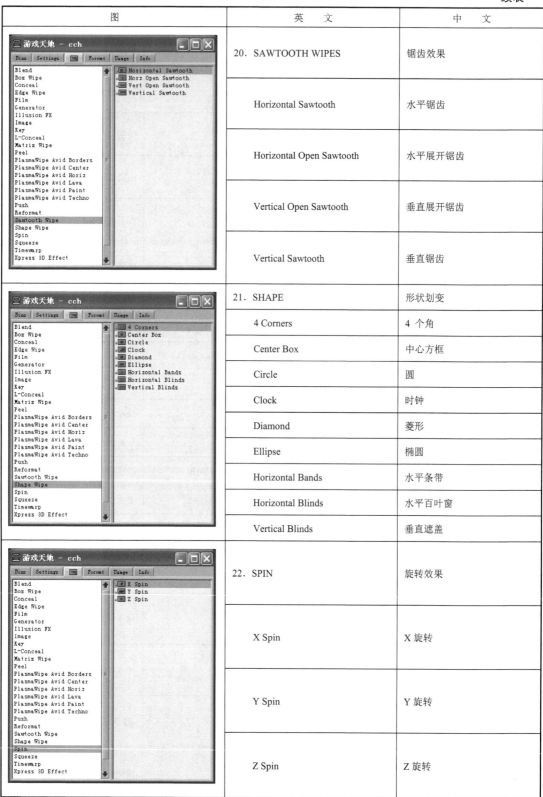	20. SAWTOOTH WIPES	锯齿效果
	Horizontal Sawtooth	水平锯齿
	Horizontal Open Sawtooth	水平展开锯齿
	Vertical Open Sawtooth	垂直展开锯齿
	Vertical Sawtooth	垂直锯齿
	21. SHAPE	形状划变
	4 Corners	4 个角
	Center Box	中心方框
	Circle	圆
	Clock	时钟
	Diamond	菱形
	Ellipse	椭圆
	Horizontal Bands	水平条带
	Horizontal Blinds	水平百叶窗
	Vertical Blinds	垂直遮盖
	22. SPIN	旋转效果
	X Spin	X 旋转
	Y Spin	Y 旋转
	Z Spin	Z 旋转

附录 B Avid Media Composer 效果器种类中英文对照表

续表

图	英　文	中　文
	23. SQUEEZE	压缩效果
	Bottom Centered	底部中央
	Bottom Left	左下
	Bottom Right	右下
	Bottom to Top	从下到上
	Centered Zoom	居中缩放
	Horizontal Centered	水平居中
	Left Centered	左居中
	Left to Right	从左到右
	Right Centered	右侧居中
	Right to Left	从右到左
	Top Centered	顶部居中
	Top Left	左上
	Top Right	右上
	Top to Bottom	从上到下
	Vertical Centered	垂直居中
	24. TIMEWARP	变速
	0% To 100%	速度 0% 到 100%
	100% To 0%	速度 100% 到 0%
	Reverse Motion	反向动作
	Speed Boost	提速
	Speed Bump	减速
	Timewarp	不规则变速
	Trim to Fill	修剪模式调速

全国职业技能大赛数字影视后期制作技术的比赛要求和比赛相关事宜

本次考试为上机实际操作，根据实际操作结果计分。本次考试总时间为 180 分钟，总分为 100 分+10 分，共两题：第一题、基础能力题；第二题、综合能力题；其中基础能力题为 60+10 分，综合能力题为 40 分。

一、关于素材的说明：

1. 比赛所用音视频素材存放在 "D：\素材" 目录下。
2. 为方便参赛选手选用素材，素材采用分类存放方式，分类方式仅供参赛选手参考，选手根据实际题目要求和自主创作需要随意选用素材。

二、关于影片存放和输出的说明：

1. 以 25i 格式创建影片工程文件
2. 制作完成的影片工程文件存放在 "D：\考生机位号\工程文件" 目录下，工程文件名为 "考生机位号–题目编号"（如：考生机位号为 8，题目为第一题，则文件名为：8-1）。
3. 最终输出的视频文件的格式为 Quicktime 格式。
4. 最终输出的视频文件存放在 "D：\考生机位号\输出文件" 目录下，文件名为 "考生机位号–题目编号"（如：考生机位号为 8，题目为第一题，则文件名为：8-1）。